小型建设工程施工项目负责人岗位培训教材

建设工程施工技术

小型建设工程施工项目负责人岗位培训教材编写委员会 编写

U0391536

中国建筑工业出版社

图书在版编目（CIP）数据

建设工程施工技术/小型建设工程施工项目负责人岗位培训
教材编写委员会编写．—北京：中国建筑工业出版社，2013.8
小型建设工程施工项目负责人岗位培训教材
ISBN 978-7-112-15567-5

Ⅰ．①建… Ⅱ．①小… Ⅲ．①建筑工程—工程施工—岗位
培训—教材 Ⅳ．①TU74

中国版本图书馆 CIP 数据核字（2013）第 143378 号

本书是《小型建设工程施工项目负责人岗位培训教材》中的一本，是小型建设工程施工项目负责人参加岗位培训的参考教材。全书共分 5 章，包括土方工程、基础工程、砌体工程、钢筋混凝土工程、钢结构工程。本书可供小型建设工程施工项目负责人作为岗位培训参考教材，也可供建设工程施工相关技术人员和管理人员参考使用。

* * *

责任编辑：刘 江 岳建光 杨 杰
责任设计：李志立
责任校对：姜小莲 党 蕾

小型建设工程施工项目负责人岗位培训教材
建设工程施工技术
小型建设工程施工项目负责人岗位培训教材编写委员会 编写
*
中国建筑工业出版社出版、发行（北京西郊百万庄）
各地新华书店、建筑书店经销
北京永峥排版公司制版
河北省零五印刷厂印刷
*
开本：787×1092毫米 1/16 印张：10¼ 字数：243千字
2014年4月第一版 2014年4月第一次印刷
定价：28.00元
ISBN 978-7-112-15567-5
（24153）

小型建设工程施工项目负责人岗位培训教材

编 写 委 员 会

主　编：缪长江

编　委：（按姓氏笔画排序）

王　莹　　王晓峥　　王海滨　　王雪青

王清训　　史汉星　　冯桂烜　　成　银

刘伊生　　刘雪迎　　孙继德　　李启明

杨卫东　　何孝贵　　张云富　　庞南生

贺　铭　　高尔新　　唐江华　　潘名先

序

为了加强建设工程施工管理，提高工程管理专业人员素质，保证工程质量和施工安全，建设部会同有关部门自 2002 年以来陆续颁布了《建造师执业资格制度暂行规定》、《注册建造师管理规定》、《注册建造师执业工程规模标准（试行）》、《注册建造师施工管理签章文件目录（试行）》、《注册建造师执业管理办法（试行）》等一系列文件，对从事建设工程项目总承包及施工管理的专业技术人员实行建造师执业资格制度。

《注册建造师执业管理办法（试行）》第五条规定：各专业大、中、小型工程分类标准按《注册建造师执业工程规模标准（试行）》执行；第二十八条规定：小型工程施工项目负责人任职条件和小型工程管理办法由各省、自治区、直辖市人民政府建设行政主管部门会同有关部门根据本地实际情况规定。该文件对小型工程的管理工作做出了总体部署，但目前我国小型建设工程还未形成一个有效、系统的管理体系，尤其是对于小型建设工程施工项目负责人的管理仍是一项空白，为此，本套培训教材编写委员会组织全国具有丰富理论和实践经验的专家、学者以及工程技术人员，编写了《小型建设工程施工项目负责人岗位培训教材》（以下简称《培训教材》），力求能够提高小型建设工程施工项目负责人的素质；缓解"小工程、大事故"的矛盾；帮助地方建立小型工程管理体系；完善和补充建造师执业资格制度体系。

本套《培训教材》共 17 册，分别为《建设工程施工管理》、《建设工程施工技术》、《建设工程施工成本管理》、《建设工程法规及相关知识》、《房屋建筑工程》、《农村公路工程》、《铁路工程》、《港口与航道工程》、《水利水电工程》、《电力工程》、《矿山工程》、《冶炼工程》、《石油化工工程》、《市政公用工程》、《通信与广电工程》、《机电安装工程》、《装饰装修工程》。其中《建设工程施工成本管理》、《建设工程法规及相关知识》、《建设工程施工管理》、《建设工程施工技术》为综合科目，其余专业分册按照《注册建造师执业工程规模标准（试行）》来划分。本套《培训教材》可供相关专业小型建设工程施工项目负责人作为岗位培训参考教材，也可供相关专业相关技术人员和管理人员参考使用。

对参与本套《培训教材》编写的大专院校、行政管理、行业协会和施工企业的专家和学者，表示衷心感谢。

在《培训教材》的编写过程中，虽经反复推敲核证，仍难免有不妥甚至疏漏之处，恳请广大读者提出宝贵意见。

小型建设工程施工项目负责人岗位培训教材编写委员会

2013 年 9 月

《建设工程施工技术》
编 写 小 组

组　长：刘伊生

成　员：（按姓氏笔划排序）

马跃峰　王　超　王肖文　卢　静

刘丽琴　刘毅盼　杨立杰　侯　静

侯沁江　蒋　帅　韩　鹏　敬菡佼

解秀丽

前　言

　　建设工程施工技术是施工现场相关技术人员和管理人员的必备知识和技能。为了满足小型建设工程施工项目负责人岗位培训要求，不断提高小型建设工程施工项目负责人的施工技术管理能力，特编写小型建设工程施工项目负责人岗位培训教材《建设工程施工技术》。

　　本书共分五章，包括土方工程、基础工程、砌体工程、钢筋混凝土工程、钢结构工程。每一章均按相应工程的工艺技术和组成详细阐述了施工方法和技术措施。

　　本书由刘伊生主编。参编人员有：马跃峰、王肖文、侯静、蒋帅、刘毅盼、敬菡佼、卢静、侯沁江、解秀丽、韩鹏、杨立杰、刘丽琴、王超。全书由刘伊生统稿。

　　由于编者的水平所限，书中缺点和谬误在所难免，敬请各位读者批评指正，不胜感激。

编　者
2013 年 9 月

目　　录

第1章 土方工程

知识要点： 建设工程施工中，最常见的土方工程施工包括：场地平整、基坑（槽）及管沟开挖、土方的填筑与压实，以及土方机械化施工与爆破工程。

1.1 概　述

土方工程是建设工程的主要分部工程。土方工程受气候条件、水文地质条件的影响较大，施工前应针对土方工程的施工特点，制定合理的施工方案。

1.1.1 土的工程分类和性质

1. 土的工程分类

土的种类繁多，其分类方法也很多。在土方工程施工中，根据土的开挖难易程度，将土分为八类。其中，前四类为一般土，可以采用机械或人工直接开挖；后四类为岩石，必须采用爆破等方式开挖，见表1-1。

土的工程分类　　　　　　　　　　　　　　　　　　　　　　　表1-1

土的类别	土的名称	开挖方式及工具	可松性系数	
			最初（K_s）	最终（K_s'）
一类土（松软土）	砂；粉土；冲积砂土层种植土；泥炭（淤泥）	用锹、锄头	1.08~1.17	1.01~1.03
二类土（普通土）	粉质黏土；潮湿的黄土；夹有碎石、卵石的砂；种植土；填筑土及亚砂土	用锹、锄头，少许需用镐翻松	1.14~1.28	1.02~1.05
三类土（坚土）	软及中等密实黏土；重亚黏土；粗砾石；干黄土及含碎石的黄土、亚黏土，压实的填土	主要用镐，少许用锹、锄头，部分用撬棍	1.24~1.30	1.04~1.07
四类土（砂砾坚土）	重黏土及含碎石、卵石的黏土，粗卵石，密实的黄土，天然级配砂石，软泥炭岩及蛋白石	先用镐、撬棍，然后用锹挖掘，部分用楔子及大锤	1.26~1.32	1.06~1.09
五类土（软石）	硬石碳纪黏土；中等密实的页岩、泥灰岩、白垩土；胶结不紧的砾岩；软的石灰岩	用镐或撬棍、大锤，部分采用爆破	1.30~1.40	1.10~1.15
六类土（次坚石）	泥岩；砂岩；砾岩；坚硬的页岩、泥灰岩；密实的石灰岩；风化花岗岩、片麻岩	爆破，部分用风镐	1.35~1.45	1.11~1.20
七类土（坚石）	大理岩；辉绿岩；玢岩；粗、中粒花岗岩；坚实的白云岩、砾岩、砂岩、片麻岩、石灰岩；风化痕迹的安山石、玄武石	爆破	1.40~1.45	1.15~1.20
八类土（特坚石）	安山石；玄武石；花岗片麻岩；坚实的细粒花岗岩、闪长岩、石英岩、辉长岩、辉绿岩；玢岩	爆破	1.45~1.50	1.20~1.30

土的开挖难易程度直接影响土方工程的施工方案、劳动量消耗和工程成本。土越硬，劳动量消耗越多，工程成本越高。

2. 土的工程性质

土的工程性质对土方工程施工有直接影响，也是进行土方施工设计必须掌握的基本资料。土的主要工程性质有：土的密度、土的含水量、土的渗透性、土的可松性、土的密实度和原状土经机械压实后的沉降量。

（1）土的密度。与土方工程施工有关的是土的天然密度 ρ 和土的干密度 ρ_d。

1）土的天然密度。是指土在天然状态下单位体积的质量，它与土的密实程度和含水量有关。在选择运土汽车载重量折算体积时用。

2）土的干密度。是指单位体积土中固体颗粒的质量，即土体孔隙内无水时的单位土重。干密度在一定程度上反映了土颗粒排列的紧密程度，可用作填土压实质量的控制指标。

（2）土的含水量。土的含水量 ω 是土中水的质量与土固体颗粒质量的百分比。表达式为：

$$\omega = \frac{G_1 - G_2}{G_2} \times 100\% \qquad (1\text{-}1)$$

式中　ω——土的天然含水量；

　　　G_1——含水状态下土的质量；

　　　G_2——烘干后土的质量。

土的含水量大小会影响土方的开挖及填筑压实等施工。当土的含水量超过 25% ~ 30% 时，采用机械施工就很困难；一般土含水量超过 20% 时，就会使运土汽车打滑或陷车，甚至影响挖土机的使用。土的含水量过大，回填土夯实时会产生橡皮土现象，无法夯实。土的含水量对土方边坡稳定性也有直接影响。因此，对含水量过大的土，施工时应采取有效的排水、降水措施。

（3）土的渗透性。土的渗透性是指土体被水透过的性质。土体空隙中的自由水在重力作用下会发生流动，当基坑开挖至地下水位以下，地下水的平衡破坏后，地下水会不断流入基坑。地下水在土中渗流时受到土颗粒的阻力，其大小与土的渗透性及地下水渗流路程长短有关。

土的渗透性用渗透系数表示，即单位时间内水穿透土层的能力，一般由试验确定，常见土的渗透系数见表1-2。渗透系数是计算降低地下水时涌水量的主要参数。根据土的渗透性不同，可分为透水性土（如砂土）和不透水性土（如黏土）。

土的渗透系数　　　　　　　　　　　　表1-2

土的种类	K (m/d)	土的种类	K (m/d)
亚黏土、黏土	<0.1	含黏土的中砂及纯细砂	20 ~ 25
亚黏土	0.1 ~ 0.5	含黏土的细砂纯中砂	35 ~ 50
含亚黏土的粉砂	0.5 ~ 10	纯粗砂	50 ~ 75
纯粉砂	1.5 ~ 5.0	粗砂夹卵石	50 ~ 100
含黏土的细砂	10 ~ 15	卵　石	100 ~ 200

渗透系数 K 可通过室内渗透试验确定或现场抽水试验测定。测试方法：设置一眼抽水井，距抽水井 X_1 与 X_2 处设置两个观测井（三井在同一直线上），根据抽水稳定后，观测井内的水深 Y_1 与 Y_2 及抽水孔相应的抽水量 Q，依据公式（1-2）即可求出渗透系数。

$$K = \frac{Q \lg \frac{X_2}{X_1}}{1.366 \left(Y_2^2 - Y_1^2 \right)} \tag{1-2}$$

（4）土的可松性。土的可松性是指自然状态下的土经开挖后，其体积因松散而增加，以后虽经回填压实，仍不能恢复成原来体积的性质。由于土方工程量是以自然状态的体积来计算的，所以在土方调配、计算土方机械生产率及运输工具数量等时，应考虑土的可松性影响。土的可松性可用可松性系数表示：

$$K_s = \frac{V_2}{V_1} \qquad K'_s = \frac{V_3}{V_1} \tag{1-3}$$

式中　K_s——最初可松性系数；

　　　K'_s——最终可松性系数；

　　　V_1——土在自然状态下的体积；

　　　V_2——土经开挖后松散状态下的体积；

　　　V_3——土经回填压实后的体积。

在土方施工中，K_s 是计算开挖工程量、施工机械及运土车辆等的主要参数，K'_s 是计算土方调配、回填用土量等的参数。

【例 1-1】某 $25 \times 46 m^2$ 土坑，深 1.2m，需用黏土回填，需取多大土坑、多少土方？（$K_s = 1.27$，$K'_s = 1.05$）

【解】所需土坑：$V = \frac{25 \times 46 \times 1.2}{1.05} = 1314$（$m^3$）

　　　所需土方：$V = 1314 \times 1.27 = 1668.8$（$m^3$）

（5）土的密实度。土的密实度是指土被固体颗粒所充实的程度，反映了土的紧密程度。土的密实度用土的压实系数表示。填土压实后，必须要达到要求的密实度，现行的《建筑地基基础设计规范》规定，压实填土的质量以设计规定的压实系数 λ_c 作为控制标准。

$$\lambda_c = \frac{\rho_d}{\rho_{dmax}} \tag{1-4}$$

式中　λ_c——土的压实系数；

　　　ρ_d——土的实际干密度。干密度越大，表明土越坚实，在土方填筑时，常以土的干密度控制土的夯实标准；

　　　ρ_{dmax}——土的最大干密度，由实验室击实试验测出。

（6）原状土经机械压实后的沉降量。原状土经机械往返压实或经其他压实措施后，会产生一定的沉陷，根据不同土质，其沉陷量一般在 3～30cm 之间。可按公式（1-5）计算：

$$S = \frac{P}{C} \tag{1-5}$$

式中　S——原状土经机械压实后的沉降量；

　　　P——机械压实的有效作用力；

　　　C——原状土抗陷系数，可按表1-3取值。

不同土的 C 值参考表　　　　　　　　　　　　　表1-3

原状土质	C（MPa）	原状土质	C（MPa）
沼泽土	0.01~0.015	大块胶结的砂、潮湿黏土	0.035~0.06
凝滞的土、细粒砂	0.018~0.025	坚实的瀚土	0.1~0.125
松砂、松湿黏土、耕土	0.025~0.035	泥灰石	0.13~0.18

1.1.2　土方工程施工特点

土方工程多为露天作业，土、石又是天然物质，种类繁多，施工受到地区、气候、水文地质和工程地质等条件的影响，在地面建筑物稠密的城市中进行土方工程施工，还会受到施工环境的影响。因此，在施工前应做好调查研究，并根据本地区的水文地质情况以及气候、环境等特点，制定合理的施工方案组织施工，这对于缩短工期、降低工程成本都有重要意义。

1. 劳动强度高

为了减轻繁重的体力劳动，提高劳动生产率，缩短工期，降低工程成本，在组织土方工程施工时，应尽可能采用机械化或综合机械化施工。

2. 施工条件复杂

土方工程施工，一般为露天作业，施工时受水文、地质、气候和地形等因素的影响较大，不可确定的因素也较多。因此，施工前必须做好各项准备工作，进行充分的调查研究，详细研究各种技术资料，制定合理的施工方案进行施工。

3. 受场地限制

任何建筑物的基础都需要有一定埋置深度，土方的开挖与土方的留置存放都受到施工场地的限制，特别是在城市内施工，场地狭窄，周围建筑较多，往往由于施工方案不当，导致周围建筑设施出现安全与稳定的问题。因此，施工前必须详细了解周围建筑的结构形式、熟悉地质技术资料，制定切实可行的施工方案，充分利用施工场地。

1.2　场 地 平 整

场地平整就是将自然地面改造成所要求的平面。场地设计标高应满足规划、生产工艺及运输、排水及最高洪水水位等要求，并力求使场地内土方挖填平衡且土方量最小。

1.2.1　场地设计标高的确定

1. 场地设计标高确定的一般方法

如场地比较平缓，对场地设计标高无特殊要求，可按下述方法确定：

将场地划分为边长 a 的若干方格，并将方格网角点的原地形标高标在图上（图1-1）。

原地形标高可利用等高线用插入法求得或在实地测量得到。

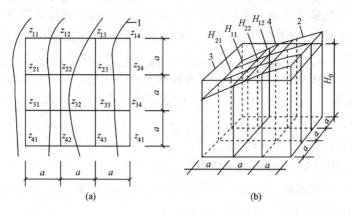

图 1-1　场地设计标高计算示意图

(a) 地形图方格网；(b) 设计标高示意图

1—等高线；2—自然地面；3—设计平面

遵循挖填土方量相等的原则（图 1-1），场地设计标高可按公式（1-6）计算：

$$na^2z_0 = \sum_{i=1}^{n} \left(a^2 \frac{z_{i1} + z_{i2} + z_{i3} + z_{i4}}{4} \right)$$

即：

$$z_0 = \frac{1}{4n} \sum_{i=1}^{n} (z_{i1} + z_{i2} + z_{i3} + z_{i4}) \tag{1-6}$$

式中　　z_0——所计算场地的设计标高；

　　　　n——方格数；

z_{i1}、z_{i2}、z_{i3}、z_{i4}——第 i 个方格四个角点的原地形标高。

由图 1-1 可见，11 号角点为一个方格独有，而 12、13、21、24 号角点为两个方格共有，22、23、32、33 号角点则为四个方格共有，在用公式（1-6）计算 z_0 的过程中，类似 11 号角点的标高仅加一次，类似 12 号角点的标高加两次，类似 22 号角点的标高则加四次，这种在计算过程中被应用的次数 P_i，反映了各角点标高对计算结果的影响程度，测量上的术语称为"权"。考虑各角点标高的"权"，公式（1-6）可改写成更便于计算的形式：

$$z_0 = \frac{1}{4n} (\Sigma z_1 + 2\Sigma z_2 + 3\Sigma z_3 + 4\Sigma z_4)$$

$$\tag{1-7}$$

式中　　z_1——一个方格独有的角点标高；

z_2、z_3、z_4——分别为二个、三个、四个方格所共有的角点标高。

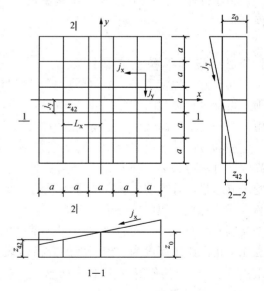

图 1-2　场地泄水坡度

按公式（1-7）得到的设计平面为同一水平的挖填方相等的场地，实际场地均应有一定的泄水坡度。根据施工质量验收规范规定，平整场地的表面坡度应符合设计要求，如设计无要求时，排水沟方向的坡度不应小于 2‰。平整后的场地表面应逐点检查。检查点为每 $100 \sim 400 \mathrm{m}^3$ 取 1 点，但不应少于 10 点；长度、宽度和边坡均为每 20m 取 1 点，每边不少于 1 点。因此，应根据泄水要求计算出实际施工时所采用的设计标高。

以 z_0 作为场地中心的标高（图 1-2），则场地任意点的设计标高为：

单向排水时：$z_i' = z_0 \pm l \cdot i$

双向排水时：$z_i' = z_0 \pm l_x i_x \pm l_y i_y$ (1-8)

式中 z_i'——考虑泄水坡度的角点设计标高。

求得 z_i' 后，即可按公式（1-9）计算各角点的施工高度 H_i，施工高度的含义是该角点的设计标高与原地形标高的差值：

$$H_i = z_i' - z_i$$ (1-9)

式中 z_i'——i 角点的原地形标高。

若 H_i 为正值，则该点为填方；H_i 为负值，则为挖方。

2. 用最小二乘法原理求最佳设计平面

按上述方法得到的设计平面，能使挖方量与填方量平衡，但不能保证总的土方量最小。应用最小二乘法原理，可求得满足上述两个条件的最佳设计平面。此处不赘述。

3. 设计标高的调整

实际工程中，对计算所得的设计标高，还应考虑下列因素进行调整：

（1）考虑土的最终可松性，需相应提高设计标高以达到土方量的实际平衡。

（2）考虑工程余土或工程用土，相应提高或降低设计标高。

（3）根据经济比较结果，如采用场外取土或弃土的施工方案，则应考虑由此引起的土方量变化，调整设计标高。

场地设计平面的调整是一项繁重的工作，若修改设计标高，则须重新计算土方工程量。

1.2.2 场地平整土方量计算

在土方工程施工前，通常要计算土方工程量。但土方工程的外形往往很复杂，不规则，很难得到精确的计算结果。一般情况下，都将其假设或划分成一定的几何形状，并采用具有一定精度而又与实际情况近似的方法进行计算。

在场地设计标高确定后，需平整的场地各角点的施工高度即可求得，然后按每个方格角点的施工高度算出填、挖土方总量。计算前先确定"零线"的位置，有助于了解整个场地的挖、填区域分布状态。零线即挖方区与填方区的交线，在该线上，施工高度为 0。零线的确定方法是：在相邻角点施工高度为一挖一填的方格边线上，用插入法求出零点（0）的位置（图 1-3 所示），将各相邻的零点连接起来即为零线。

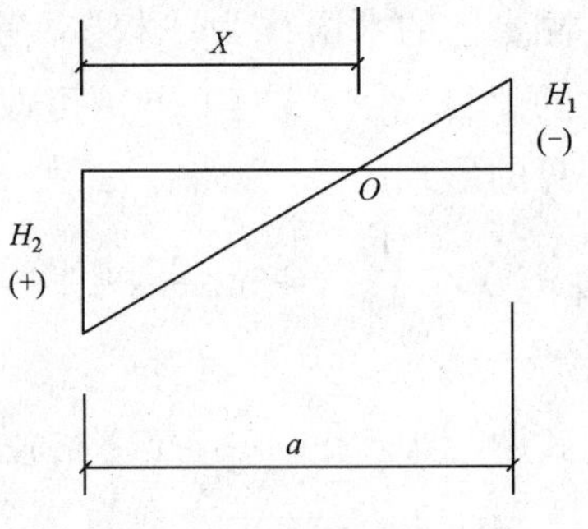

图 1-3 零点计算示意图

如不需计算零线的确切位置，则绘出零线的大致走向即可。

零线确定后，便可进行土方量的计算。方格中土方量的计算有两种方法，即："四方棱柱体法"和"三角棱柱体法"。

1. 四方棱柱体体积计算方法

四方棱柱体的体积计算方法分两种情况：

（1）方格四个角点全部为填或全部为挖时［如图1-4（a）所示］：

$$V = \frac{a^2}{4} (H_1 + H_2 + H_3 + H_4) \tag{1-10}$$

式中　　　　V——挖方或填方体积；

H_1、H_2、H_3、H_4——从一方格四个角点的填挖高度，均取绝对值。

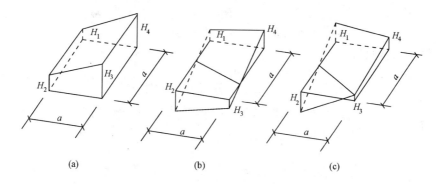

图1-4　四方棱柱体的体积计算

（a）角点全填或全挖；（b）角点二填二挖；（c）角点一填（挖）三挖（填）

（2）方格四个角点，部分是挖方，部分是填方时［图1-4（b）和（c）］：

$$V_{填} = \frac{a^2 (\sum H_{填})^2}{4 \quad \sum H} \tag{1-11}$$

$$V_{挖} = \frac{a^2 (\sum H_{挖})^2}{4 \quad \sum H} \tag{1-12}$$

式中　　$\sum H_{填(挖)}$——方格角点中填（挖）方施工高度的总和，取绝对值；

$\sum H$——方格四角点施工高度之总和，取绝对值。

2. 三角棱柱体体积计算方法

计算时，先将各个方格顺地形等高线划分为三角形（如图1-5所示）。

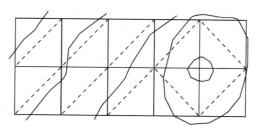

图1-5　按地形将方格划分为三角形

每个三角形三个角点的填挖施工高度用 H_1、H_2、H_3 表示。

三角棱柱体的体积计算方法也分两种情况：

（1）当三角形三个角点全部为挖或全部为填时［如图1-6（a）所示］：

$$V = \frac{a^2}{6}(H_1 + H_2 + H_3) \tag{1-13}$$

式中　　a——方格边长；

H_1、H_2、H_3——三角形各角点的施工高度，取绝对值。

（2）三角形三个角点有填有挖时，零线将三角形分成两部分，一个是底面为三角形的锥体，一个是底面为四边形的楔体［图1-6（b）］。

其中锥体部分的体积为：

$$V_{\text{锥}} = \frac{a^2}{6} \frac{H_3^3}{(H_1 + H_3)(H_2 + H_3)} \tag{1-14}$$

楔体部分的体积为：

$$V_{\text{楔}} = \frac{a^2}{6}\left[\frac{H_3^3}{(H_1 + H_3)(H_2 + H_3)} - H_3 + H_2 + H_1\right] \tag{1-15}$$

式中　H_1，H_2，H_3——分别为三角形各角点的施工高度，取绝对值；其中，H_3 是指锥体顶点的施工高度。

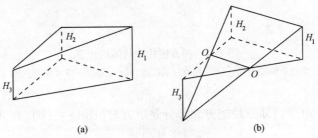

图1-6　三角棱柱体的体积计算
（a）全填或全挖；（b）锥体部分为填

1.2.3　土方调配

土方工程量计算完成后，即可着手土方调配。所谓土方调配，就是对挖土的利用、堆弃和填土三者之间的关系进行综合协调和处理。好的土方调配方案，应该是使土方运输费用达到最小，而且又能方便施工。

如图1-7所示是土方调配的两个例子。图上注明了挖填调配区、调配方向、土方数量以及每对挖、填区之间的平均运距。如图1-7（a）所示，共有四个挖方区，三个填方区，总挖方和总填方相等。土方调配，仅考虑场地内的挖填平衡即可解决（这种条件下的土方调配可采用线性规划的方法计算确定）。如图1-7（b）所示，则有四个挖方区，三个填方区，挖、填的工程量虽然相等，但由于地形窄长，故采取就近弃土和就近借土的办法解决土方的平衡调配。

1. 土方调配原则

（1）应力求达到挖、填平衡和运距最短。这样，可以降低土方工程施工成本。但是，

8

有时仅局限于一个场地范围内的挖、填平衡，往往难以同时满足上述两个要求，因此，还需根据场地和周围地形条件综合考虑，必要时可在填方区周围就近借土，在挖方区周围就近弃土。

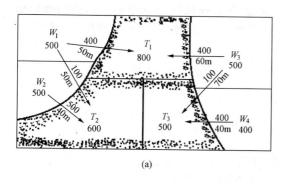
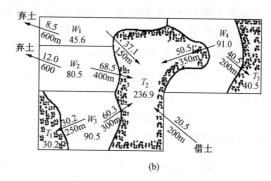

图 1-7　土方调配图

（a）地内挖、填平衡的调配图，箭头上面的数字表示土方量（m³），箭头下面的数字表示运距；
（b）有弃土和借土的调配图。箭头上面的数字表示土方量（100m³），箭头下面的数字表示运距。

（2）应考虑近期施工与后期利用相结合。当工程分期分批施工时，先期工程有土方余额应结合后期工程的需要而考虑其利用数量与堆放位置，以便就近调配，力求避免重复挖、运。如先期工程土方有欠额时，也可由后期工程地点挖取。

（3）应考虑分区与全场相结合。分区土方的余额或欠额的调配，必须配合全场性土方调配，不能只顾局部的平衡，任意挖填而影响全局。

（4）应尽可能与大型地下建筑物的施工相结合。当大型建筑物位于填土地区而其又必须建造在天然地基上，或虽可建造在填土地基上而土方量较大时，为了避免土方的重复挖、填和运输，应将该区全部或部分地予以保留，待基础施工之后再行填土。为此，在填方保留区附近应有相应的挖方保留区，或将附近挖方工程的余土按需要量合理堆放，以便就近调配。

（5）选择恰当的调配方向、运输路线，使土方机械和运输车辆的功效能得到充分发挥。

总之，进行土方调配，必须根据现场的具体情况、有关技术资料、进度要求、土方施工方法与运输方法，综合考虑上述原则，并经计算比较，选择经济合理的调配方案。

2. 土方调配图表的编制

场地土方调配，需编制相应的土方调配图表，以便施工中使用。其编制方法如下：

（1）划分调配区。在场地平面图上先划出挖、填区的界线（即前述的零线），根据地形及地理等条件，可在挖方区和填方区分别划分出若干调配区（其大小应满足土方机械的操作要求），并计算出各调配区的土方量，并在图上标明，如图 1-7 所示。

（2）求出每对调配区之间的平均运距。平均运距是指挖方区土方重心至填方区土方重心的距离。为此，需先求出每个调配区土方的重心。计算方法如下：

取场地或方格网中的纵横两边为坐标轴，分别求出各区土方的重心位置，即：

$$\overline{X} = \frac{\sum v_x}{\sum v} \qquad\qquad \overline{Y} = \frac{\sum v_y}{v} \qquad\qquad (1\text{-}16)$$

式中　$\overline{X}$、$\overline{Y}$——挖方调配区或填方调配区土方的重心坐标；

　　　　v——每个方格的土方量；

　　　　x，y——每个方格的重心坐标。

　　为了简化 x，y 的计算，可假定每个方格上的土方是各自均匀分布的，从而用图解法求出形心位置以代替重心位置。重心求出后，标注在相应的调配区图上，然后用比例尺量出每对调配区之间的平均运距。

　　(3) 画出土方调配图。在图上标出调配方向，土方数量以及平均运距，如图1-7所示。

　　(4) 列出土方量平衡表。土方调配计算结果需列入土方量平衡表中。表1-4是图1-7(a) 所示调配方案的土方量平衡表。

土方量平衡表　　　　　　　　　　　　　　　　表1-4

挖方区编号	挖方数量（m³）	填方区编号、填方区数量（m³）			
		T_1	T_2	T_3	合　计
		800	600	500	1900
W_1	500	400 〔50〕	100 〔70〕		
W_2	500		500 〔40〕		
W_3	500	400 〔60〕		100 〔70〕	
W_4	400			400 〔40〕	
合　计	1900				

　　注：表中土方数量栏右上角小方格内的数字系平均运距（有时可为土方的单位运价）。

1.3　基 坑 开 挖

1.3.1　基坑降水

　　基坑工程中的降水亦称地下水控制，即在基坑工程施工过程中，地下水要满足支护结构和挖土施工的要求，并且不因地下水位的变化，对基坑周围的环境和设施带来危害。

　　1. 降水方法

　　(1) 集水明排。在地下水位较高地区开挖基坑，会遇到地下水问题。如涌入基坑内的地下水不能及时排除，不但土方开挖困难，边坡易于塌方，而且会使地基被水浸泡，扰动地基土，造成竣工后的建筑物不均匀沉降。为此，基坑开挖时要及时排除涌入的地下水。当基坑开挖深度不大，基坑涌水量不大时，集水明排法是应用最广泛、最简单、最经济的方法。

　　明沟、集水井排水多是在基坑的两侧或四周设置排水明沟，在基坑四角或每隔30～40m 设置集水井，使基坑渗出的地下水通过排水明沟汇集于集水井内，然后用水泵将其排出基坑外。

排水明沟宜布置在拟建建筑物基础 0.4m 以外，沟边缘离开边坡坡脚应不小于 0.3m。排水明沟的底面应比挖土面低 0.3～0.4m。集水井底面应比沟底面低 0.5m 以上，并随基坑的挖深而加深，以保持水流畅通。

明沟、集水井排水，视水量多少连续或间断抽水，直至基础施工完毕、回填土为止。当基坑开挖的土层由多种土组成，中部夹有透水性能的砂类土，基坑侧壁出现分层渗水时，可在基坑边坡上按不同高程分层设置明沟和集水井构成明排水系统，分层阻截和排除上部土层中的地下水，避免上层地下水冲刷基坑下部边坡造成塌方。

（2）轻型井点降水。轻型井点降水就是沿基坑的四周将许多直径较小的井点管埋入地下蓄水层内，井点管的上端通过弯联管与总管相连接，利用抽水设备将地下水从井点管内不断抽出，这样便可将原有地下水位降至坑底以下，其全貌图如图 1-9 所示。

轻型井点的安装程序是按设计布置方案，先排放总管，再埋设井点管，然后用弯连管将井点管与总管连接，然后安装抽水设备。井点管的埋设可以利用冲水管冲孔，或钻孔后将井点管沉入，也可以用带套管的水冲法及振动水冲法下沉埋设。

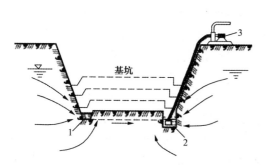

图 1-8　集水井降水
1—排水沟；2—集水井；3—水泵

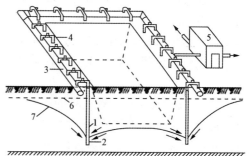

图 1-9　轻型井点法降低地下水位全貌图
1—井点管；2—滤管；3—总管；4—弯联管；
5—水泵房；6—原有地下水位线；
7—降低后地下水位线

轻型井点使用时，应保证连续不断抽水，若时抽时停，滤网易于堵塞；中途停抽，地下水回升，也会引起边坡塌方等事故。正常的出水规律是"先大后小，先混后清"。真空泵的真空度是判断井点系统运转是否良好的尺度，必须经常观测。造成真空度不够的原因较多，但通常是由于管路系统漏气，应及时检查，采取措施。井点管淤塞，一般可通过听管内水流声响、手扶管壁有振动感、手摸管子有夏冷、冬暖等简单方法检查。如发现淤塞井点管太多，严重影响降水效果时，应逐根用高压水进行反冲洗，或拔出重埋。

井点降水时，还应对附近的建筑物进行沉降观测，如发现沉陷过大，应及时采取防护措施。

（3）喷射井点。喷射井点用于深层降水，其一层井点可将地下水位降低 8～20m。喷射井点的主要工作部件是喷射井管内管底端的扬水装置——喷嘴混合室；当喷射井点工作时，由地面高压离心水泵供应的高压工作水，经过内外管之间的环形空间直达底端，在此处高压工作水由特制内管的两侧进水孔进入至喷嘴喷出，在喷嘴处由于过水断面突然收缩变小，使工作水流具有极高的流速（30～60m/s），在喷口附近造成负压（形成真空），因而将地下水经滤管吸入，吸入的地下水在混合室与工作水混合，然后进入扩散室，水流从动能逐渐转变为位能，即水流的流速相对变小，而水流压力相对增大，将地下水连同工作水一起扬升出地面，经排水管道系统排至集水池或水箱，由此再用排水泵排出。

（4）管井。管井由滤水井管、吸水管和抽水机械等组成。管井设备较为简单，排水量大，降水较深，水泵设在地面，易于维护。适于渗透系数较大，地下水丰富的土层、砂层。但管井属于重力排水范畴，吸程高度受到一定限制，要求渗透系数较大（1~200m/d）。

（5）深井井点。深井井点降水是在深基坑周围埋置深于基底的井管，通过设置在井管内的潜水泵将地下水抽出，使地下水位低于坑底。该法具有排水量大，降水深（>15m）；井距大，对平面布置的干扰小；不受土层限制；井点制作、降水设备及操作工艺、维护均较简单，施工速度快；井点管可以整根拔出重复使用等优点。但一次性投资大，成孔质量要求严格。适于渗透系数较大（10~250m/d），土质为砂类土，地下水丰富，降水深，面积大，时间长的情况，降水深度可达50m。

2. 防止或减少降水影响周围环境的技术措施

在降水过程中，由于会随水流带出部分细微土粒，再加上降水后土体的含水量降低，使土壤产生固结，因而会引起周围地面的沉降。在建筑物密集地区进行降水施工，如因长时间降水引起过大的地面沉降，会带来较严重的后果，在软土地区曾发生过不少事故。

为防止或减少降水对周围环境的影响，避免产生过大的地面沉降，可采取下列技术措施：

（1）采用回灌技术。降水对周围环境的影响，是由于土壤内地下水流失造成的。回灌技术是指在降水井点和要保护的建（构）筑物之间打设一排井点，在降水井点抽水的同时，通过回灌井点向土层内灌入一定数量的水（即降水井点抽出的水），形成一道隔水帷幕，从而阻止或减少回灌井点外侧被保护的建（构）筑物地下的地下水流失，使地下水位基本保持不变，这样就不会因降水使地基自重应力增加而引起地面沉降。

回灌井点可采用一般真空井点降水的设备和技术，仅增加回灌水箱、闸阀和水表等少量设备，一般施工单位皆易掌握。

采用回灌井点时，回灌井点与降水井点的距离不宜小于6m。回灌井点的间距应根据降水井点的间距和被保护建（构）筑物的平面位置确定。

回灌井点宜进入稳定降水曲面下1m，且位于渗透性较好的土层中。回灌井点滤管的长度应大于降水井点滤管的长度。

回灌水量可通过水位观测孔中水位变化进行控制和调节，通过回灌宜不超过原水位标高。回灌水箱的高度，可根据灌入水量决定。回灌水宜用清水。实际施工时，应协调控制降水井点与回灌井点。

许多工程实例证明，用回灌井点回灌水能产生与降水井点相反的地下水降落漏斗，能有效地阻止被保护建（构）筑物下的地下水流失，防止产生有害的地面沉降。回灌水量要适当，过小无效，过大会从边坡或钢板桩缝隙流入基坑。

（2）采用砂沟、砂井回灌。在降水井点与被保护建（构）筑物之间设置砂井作为回灌井，沿砂井布置一道砂沟，将降水井点抽出的水，适时、适量排入砂沟，再经砂井回灌到地下，实践证明亦能收到良好效果。

回灌砂井的灌砂量，应取井孔体积的95%，填料宜采用含泥量不大于3%、不均匀系数在 3~5 之间的纯净中粗砂。

（3）减缓降水速度。在砂质粉土中降水影响范围可达 80m 以上，降水曲线较平缓，为此，可将井点管加长，减缓降水速度，防止产生过大的沉降。亦可在井点系统降水过程中，调小离心泵阀，减缓抽水速度。还可在邻近被保护建（构）筑物一侧，将井点管间距加大，需要时甚至暂停抽水。

为防止抽水过程中将细微土粒带出，可根据土的粒径选择滤网。此外，确保井点管周围砂滤层的厚度和施工质量，亦能有效防止降水引起的地面沉降。

在基坑内部降水，掌握好滤管的埋设深度，如支护结构有可靠的隔水性能，一方面能疏干土壤、降低地下水位，便于挖土施工，另一方面又不使降水影响到基坑外面，造成基坑周围产生沉降。

3. 截水

截水即利用截水帷幕切断基坑外的地下水流入基坑内部。截水帷幕的厚度应满足基坑防渗要求，截水帷幕的渗透系数宜小于 1.0×10^{-6}cm/s。

落底式竖向截水帷幕，应插入不透水层，其插入深度按下式计算：

$$l = 0.2h_w - 0.5b \qquad (1-17)$$

式中　l——帷幕插入不透水层的深度；

　　　h_w——作用水头；

　　　b——帷幕宽度。

当地下含水层渗透性较强、厚度较大时，可采用悬挂式竖向截水与坑内井点降水相结合或采用悬挂式竖向截水与水平封底相结合的方案。

截水帷幕目前常用注浆、旋喷法、深层搅拌水泥土桩挡墙等。

4. 地下水控制方法的选择

在软土地区基坑开挖深度超过3m，一般就要用井点降水。开挖深度浅时，亦可边开挖边用排水沟和集水井进行集水明排。地下水控制方法有多种（见表1-5），应根据土层情况、降水深度、周围环境、支护结构种类等综合考虑后优选。当因降水而危及基坑周边环境安全时，宜采用截水或回灌方法。

基坑降水方法及其适用条件　　　　　　　　　　表 1-5

降水方法		土　类	渗透系数（m/d）	降水深度（m）	水文地质特征
集水明排			7.0~20.0	<5	
井点降水	真空井点	粉土、黏性土、砂土	0.1~20.0	单级 <6 多级 <20	上层滞水或水量不大的潜水
	喷射井点			<20	
	管　井	粉土、砂土、碎石土、可溶岩、破碎带	1.0~200.0	>5	含水丰富的潜水、承压水、裂隙水
截　水		黏性土、粉土、砂土、碎石土、岩溶土	不　限	不　限	
回　灌		粉土、砂土、碎石土	1.0~200.0	不　限	

1.3.2 土壁支护

土方在开挖、填筑等施工过程中，土壁的稳定主要是靠土体的内摩阻力和黏结力来保持平衡。一旦土体在外力作用下失去平衡，就会出现基坑（槽）边坡土方局部或大面积塌落或滑塌。边坡塌方会引起人员伤亡事故，同时会妨碍基坑开挖或基础施工，有时还会危及附近的建筑物。这类事故在工程中经常发生，需要引起足够重视。

为了防止土壁坍塌，保持土体稳定，保证施工安全，在土方工程施工过程中，对挖方或填方的边缘，均应做成一定的边坡。由于条件限制不能放坡或为了减少土方工程量而不放坡时，可设置土壁支护结构，以确保施工安全。

1. 边坡稳定

土方边坡的稳定，主要是由于土体内颗粒间存在摩擦力和内聚力，从而使土体具有一定的抗剪强度。土体抗剪强度的大小主要取决于土的内摩擦角和内聚力的大小。土壤颗粒间不仅存在抵抗滑动的摩阻力，而且存在内聚力（除了干净和干燥的砂之外）。不同的土和土的不同物理性质对土体的抗剪强度均有影响。

1）边坡塌方的主要原因。根据工程实践调查分析，造成边坡塌方的主要原因有以下几个方面：

①边坡过陡，土体本身稳定性不够而产生塌方；

②坡顶堆载过大，尤其是存在动载，使土体中产生的剪应力超过土体的抗剪强度；

③地面水及地下水渗入边坡土体，使土体的自重增大，抗剪能力降低，从而产生塌方。

2）防止边坡塌方的措施：

①放足边坡。边坡的留置应符合规范的要求，其坡度大小，应根据土壤的性质、水文地质条件、施工方法、开挖深度、工期长短等因数而定。施工时应随时观察土壁变化情况。

②减少在边坡上堆载或动载的不利影响。在边坡上堆土方或材料以及使用施工机械时，应保持与边坡边缘有一定距离。当土质良好时，堆土或材料应距挖方边缘 0.8m 以外，高度不应超过 1.5m。在软土地区开挖时，应随挖随运，以防由于地面加载引起的边坡塌方。

③做好排水工作。防止地表水、施工用水和生活废水浸入边坡土体，在雨期施工时，应更加注意检查边坡的稳定性，必要时加设支撑。

④进行边坡面保护。在基坑开挖过程中，可采取塑料薄膜覆盖，水泥砂浆抹面、挂网抹面或喷浆等方法进行边坡面保护，可有效防止边坡失稳。

⑤提高土壁的稳定性。采用通风疏干、电渗排水、爆破灌浆、化学加固等方法，改善滑动带岩土的性质，以稳定边坡，确保土壁的稳定性。

⑥重视施工观察。在土方开挖过程中，应随时观察边坡土体，当出现裂缝、滑动等失稳迹象时，应暂停施工。必要时，将施工人员和机械撤出至安全地点。同时，应设置观察点，并做好土体平面位移和沉降变化记录，随后与设计单位联系，研究相应的措施，如排水、支挡、减重减压和护坡等方法进行综合治理。

2. 土壁支护

在开挖基坑（槽）或管沟时，如果地质和场地周围条件允许，采用放坡开挖，往往是比较经济的。但在建筑物密集地区施工时，常因受场地的限制而不能放坡，或放坡所增加的土方量很大，或有防止地下水渗入基坑要求时，可采用设置土壁支撑或支护，以保证施工的顺利和安全，并减少对相邻已有建筑物等的不利影响。

（1）基槽支护结构。开挖较窄的沟槽，多用横撑式土壁支撑。横撑式支撑根据挡土板的设置方向不同，分为水平式支撑和垂直式支撑，如图 1-10 所示。一般基槽的支撑方法见表 1-6。

水平式支撑：间断或连续的挡土板水平放置。

垂直式支撑：间断或连续的挡土板垂直放置。

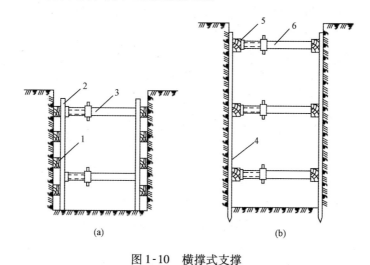

图 1-10　横撑式支撑

（a）间断式水平挡土板支撑；（b）垂直挡土板支撑

1—水平挡土板；2—立柱；3、6—工具式横撑；4—垂直挡土板；5—横愣木

一般基槽的支撑方法　　　　　　　　　　　　　　　　　　表 1-6

支撑方式	支撑方法	使用条件
间断式 水平支撑	两侧挡土板水平放置，用工具式或木横撑借木楔顶进，挖一层土，支顶一层	适用于能保持直立壁的干土或天然湿度的黏土，地下水很少，深度在2m以内
断续式 水平支撑	挡土板水平放置，中间留出间隔，并在两侧同时对称立竖枋木，再用工具式或木横撑上下顶紧	适用于能保持直立壁的干土或天然湿度的黏土，地下水很少，深度在3m以内
连续式 水平支撑	挡土板水平连续放置，不留间隙，然后两侧同时对称立竖枋木，上下各顶一根撑木，端头加木楔顶紧	适用于较松散的干土或天然湿度的黏土，地下水很少，深度3~5m
连续或间断 式垂直支撑	挡土板垂直放置，连续或留适当间隙，然后每侧上下各水平顶一根枋木，再用横撑顶紧	适用于土质较松散或湿度很高的土，地下水较少，深度不限
水平垂直 混合支撑	沟槽上部设连续或水平支撑，下部设连续或垂直支撑	适用于沟槽深度较大，下部有含水土层情况

（2）浅基坑支护结构。

1）斜柱支撑：水平挡土板钉在柱桩内侧，柱桩外侧用斜撑支顶，斜撑底端支在木桩上，在挡土板内侧回填土。适于开挖较大型、深度不大的基坑或使用机械挖土时采用。

2）锚拉支撑：水平挡土板支在柱桩的内侧，柱桩一端打入土中，另一端用拉杆与锚桩拉紧，在挡土板内侧回填土。适于开挖较大型、深度不大的基坑或使用机械挖土，不能安设横撑时采用。

3）型钢桩横挡板支撑：沿挡土位置预先打入钢轨、工字钢或 H 型钢桩，间距 1.0 ~ 1.5m，然后边挖方，边将 3~6cm 厚的挡土板塞进钢桩之间挡土，并在横向挡板与型钢桩之间打上楔子，使横板与土体紧密接触。适于地下水位较低、深度不是很大的一般黏性或砂土层中采用。

4）短桩横隔板支撑：打入小短木桩或钢桩，部分打入土中，部分露出地面，钉上水平挡土板，在背面填土、夯实。适于开挖宽度大的基坑，当部分地段下部放坡不够时采用。

5）临时挡土墙支撑：沿坡脚用砖、石叠砌或用装水泥的聚丙烯扁丝编织袋、草袋装土、砂堆砌，使坡脚保持稳定。适于开挖宽度大的基坑，当部分地段下部放坡不够时采用。

6）挡土灌注桩支护：在开挖基坑的周围。用钻机或洛阳铲成孔，桩径 400~500mm，现场灌筑钢筋混凝土桩，桩间距为 1.0~1.5m，在桩间土方挖成外拱形使之起土拱作用。适于开挖较大、较浅（<5m）基坑，邻近有建筑物，不允许背面地基有下沉、位移时采用。

7）叠袋式挡墙支护：采用编织袋或草袋装碎石（砂砾石或土）堆砌成重力式挡墙作为基坑的支护，在墙下部砌 500mm 厚块石基础，墙底宽由 1500~200mm，顶宽适当放坡卸土 1.0~1.5m，表面抹砂浆保护。适于一般黏性土、面积大、开挖深度在 5m 以内的浅基坑支护采用。

（3）深基坑支护结构。深基坑土方开挖，当施工现场不具备放坡条件，放坡无法保证施工安全，通过放坡及加设临时支撑已经不能满足施工需要时，一般采用支护结构进行临时支挡，以保证基坑的土壁稳定。常见的支护结构主要有以下几种：

1）型钢桩横挡板支撑：沿挡土位置预先打入钢轨、工字钢或 H 型钢桩，间距 1 ~ 1.5m，然后边挖方，边将 3~6cm 厚的挡土板塞进钢柱之间挡土，并在横向挡板与型钢之间打入楔子，使横板与土体紧密接触。适于地下水较低、深度不很大的一般黏性或砂土层中采用。

2）钢板桩支撑：在开挖的基坑周围打钢板桩或钢筋混凝土板桩，板桩入土深度及悬臂长度应经计算确定，如基坑宽度很大，可加水平支撑。适于一般地下水深度和宽度不是很大的黏性或砂性土层中采用。

3）钢板桩与钢构架结合支撑：在开挖的基坑周围打钢板桩，在柱位置上打入暂设的钢柱，在基坑中挖土，每下挖 3~4m，装上一层构架支撑体系。挖土在钢构架网格中进行，亦可不预先打入钢桩，随挖随接长支柱。适于饱和软弱土层中开挖较大、较深基坑，钢板桩刚度不够时采用。

4）挡土灌注桩支撑：在开挖的基坑周围，用钻机钻孔，现场灌注钢筋混凝土桩，达到强度后，在基坑中间用机械或人工开挖，下挖1m左右装上横撑，在桩背面装上拉杆与已设锚桩拉紧，然后继续挖土至要求深度。在桩间土方挖成外拱形，使之起土拱作用。如基坑深度小于6m，或邻近有建筑物，亦可不设拉锚杆，采取加密桩距或加大桩径处理。适于开挖较大、较深（>6m）基坑，邻近有建筑物、不允许支护，背面地基有下沉、位移时采用。

5）挡土灌注桩与土层锚杆相结合支撑：同挡土灌注桩支撑，但桩顶不设锚桩锚杆，而是挖至一定深度，每隔一定距离向桩背面斜下方用锚杆钻机打孔，安放钢筋锚杆，用水泥压力灌浆，达到强度后，安木横撑，拉紧固定，在桩中间进行挖土，直至设计深度。如设2～3层锚杆，可挖一层土，装设一次锚杆。适于大型较深基坑，施工期较长，邻近有高层建筑，不允许支护，邻近地基不允许有任何下沉位移时采用。

6）地下连续墙支护：在待开挖的基坑周围，先建造混凝土或钢筋混凝土地下连续墙，达到强度后，在墙中间用机械或人工挖土，直至要求深度。当跨度、深度很大时，可在内部加设水平支撑及支柱。用于逆作法施工，每下挖一层，将下一层梁、板、柱浇筑完成，以此作为地下连续墙的水平框架支撑，如此循环作业，直到地下室的底层全部挖完土，浇筑完成。适于开挖较大、较深（>10m）、有地下水、周围有建筑物、公路的基坑，作为地下结构的外墙一部分，或用于高层建筑的逆作法施工，作为地下室结构的部分外墙。

7）地下连续墙与土层锚杆结合支护：在待开挖的基坑周围先建造地下连续墙支护，在墙中部用机械配合人工开挖土方至锚杆部位，用锚杆钻机在要求位置钻孔，放入锚杆，进行灌浆，待达到强度，装上锚杆横梁，或锚头垫座，然后继续下挖至要求深度，如设2～3层锚杆，每挖一层装一层，采用快凝砂浆灌浆。适于开挖较大、较深（>10m）、有地下水的大型基坑，周围有高层建筑，不允许支护有变形，采用机械挖方，要求有较大空间，不允许内部设支撑时采用。

8）土层锚杆支护：沿开挖基坑边坡每2～4m设置一层水平土层锚杆，直到挖土至要求深度。适于较硬土层中或破碎岩石中开挖较大、较深基坑，邻近有建筑物必须保证边坡稳定时采用。

1.3.3 坑槽开挖

1. 土方开挖方法

基坑工程开挖常用的方法有直接分层开挖、内支撑分层开挖、盆式开挖、岛式开挖及逆作法开挖等，工程实践中可根据具体条件选用。

在无内支撑的基坑中，土方开挖中应遵循"土方分层开挖、垫层随挖随浇"的原则；在有支撑的基坑中，应遵循"开槽支撑、先撑后挖、分层开挖、严禁超挖"的原则，垫层也应随挖随浇。此外，土方开挖顺序、方法必须与设计工况相一致。基坑（槽）土方开挖时应对支护结构、周围环境进行观察和监测，如出现异常情况应及时处理，待恢复正常后方可继续施工。

（1）直接分层开挖。直接分层开挖包括放坡开挖及无内支撑的基坑开挖。

放坡开挖适合于基坑四周空旷、有足够的放坡场地，周围没有建筑设施或地下管线的情况，在软弱地基条件下，不宜挖深过大，一般控制在6～7m；在坚硬土中，则不受此限制。放坡开挖施工方便，挖土机作业时没有障碍，工效高，可根据设计要求分层开挖或一次挖至坑底；基坑开挖后主体结构施工作业空间大，施工工期短。

无内支撑的基坑可以垂直向下开挖，因此，不需在基坑边留出很大的场地，便于在基坑边较狭小、土质又较差的条件下施工。同时，在地下结构完成后，其坑边回填土工作量小。

（2）有内支撑支护的基坑开挖。在基坑较深、土质较差的情况下，一般支护结构需在基坑内设置支撑。有内支撑支护的基坑土方开挖比较困难，其土方分层开挖主要考虑与支撑施工相协调。图 1-11 是一个两道支撑的基坑工程土方开挖及支撑设置的施工过程示意图，由图可见，在有内支撑支护的基坑中进行土方开挖，其施工较复杂。

（3）盆式开挖。盆式开挖适合于基坑面积大、支撑或拉锚作业困难且无法放坡的基坑。其开挖过程是先开挖基坑中央部分，形成盆式，此时可利用留位的土坡来保证支护结构的稳定，此时的土坡相当于"土支撑"。随后，再施工中央区域内的基础底板及地下室结构，形成"中心岛"。在地下室结构达到一定强度后开挖留坡部位的土方，并按"随挖随撑，先撑后挖"的原则，在支护结构与"中心岛"之间设置支撑。最后，再施工边缘部位的地下室结构。盆式开挖方法支撑用量小、费用低、盆式部位土方开挖方便，这在基坑面积很大的情况下尤显出优越性，因此，在大面积基坑施工中非常适用。但这种施工方法对地下结构需设置后浇带或在施工中留设施工缝，将地下结构分两阶段施工，对结构整体性及防水性也有一定的影响。盆式开挖方法如图 1-12 所示。

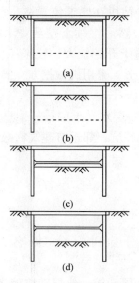

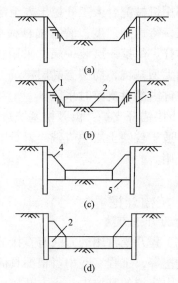

图 1-11　有内支撑支护
的基坑开挖
（a）浅层挖土、设置第一层支撑；
（b）第二层挖土；（c）设置第二层支撑；
（d）开挖第三层土

图 1-12　盆式开挖方法
（a）中心开挖；（b）中心地下结构施工；
（c）边缘土方开挖及支撑设置；
（d）边缘地下结构施工
1—边坡留土；2—基础底板；
3—支护墙；4—支撑；5—坑底

（4）岛式开挖。当基坑面积较大，而且地下室底板设计有后浇带或可留设施工缝时，还可采用岛式开挖的方法。

这种方法与盆式开挖类似，但先开挖边缘部分的土方，将基坑中央的土方暂时留置，该土方具有反压作用，可有效地防止坑底土的隆起，有利支护结构的稳定。必要时，还可在留土区与挡土墙之间架设支撑。在边缘土方开挖到基底以后，先浇筑该区域的底板，以形成底部支撑，然后再开挖中央部分的土方。

2. 开挖注意事项

土方开挖应遵循"开槽支撑、先撑后挖、分层开挖、严禁超挖"的原则。

开挖基坑（槽）按规定的尺寸合理确定开挖顺序和分层开挖深度，连续施工，尽快完成。土方开挖施工要求标高、断面准确，土体应有足够的强度和稳定性，因此，开挖过程中要随时注意检查。挖出的土除预留一部分用作回填外，不得在场地内任意堆放，应将多余土运到弃土地区，以免妨碍施工。为防止坑壁滑坡，根据土质情况及坑（槽）深度，在坑顶两边一定距离（一般为 1.0m）内不得堆放弃土，在此距离外堆土高度不得超过1.5m，否则，应验算边坡的稳定性。在桩基周围、墙基或围墙一侧，不得堆土过高。在坑边放置有动载的机械设备时，也应根据验算结果，离开坑边较远距离，如地质条件不好，还应采取加固措施。为了防止基底土（特别是软土）受到浸水或其他原因的扰动。基坑（槽）挖好后，应立即做垫层或浇筑基础，否则，挖土时应在基底标高以上保留150～300mm 厚的土层，待基础施工时再行挖去。如用机械挖土，为防止基底土被扰动，结构被破坏，不应直接挖到坑（槽）底，应根据机械种类，在基底标高以上留出 200～300mm，待基础施工前用人工铲平修整。挖土不得挖至基坑（槽）的设计标高以下，如个别处超挖，应用与基底土相同的土料填补，并夯实到要求的密实度。如用原土填补不能达到要求的密实度，应用碎石类土填补，并仔细夯实。重要部位如被超挖时，可用低强度等级的混凝土填补。

在软土地区开挖基坑（槽）时，还应符合下列规定：

（1）施工前必须做好地面排水和降低地下水位工作，地下水位应降低至基坑底以下0.5～1.0m后，方可开挖。降水工作应持续到回填完毕。

（2）施工机械行驶道路应填筑适当厚度的碎石或砾石，必要时应铺设工具式路基箱（板）或梢排等。

（3）相邻基坑（槽）开挖时，应遵循先深后浅或同时进行的施工顺序，并应及时做好基础。

（4）在密集群桩上开挖基坑时，应在打完桩后间隔一段时间，再对称挖土。在密集群桩附近开挖基坑（槽）时，应采取措施防止桩基位移。

（5）挖出的土不得堆放在坡顶或建筑物（构筑物）附近。

1.3.4 验槽及钎探

1. 验槽

基坑挖至基底设计标高并清理后，施工单位必须会同勘察、设计、建设（或监理）等单位共同进行验槽，合格后方能进行基础工程施工。

（1）验槽前准备工作。

1）察看结构说明和地质勘察报告，对比结构设计所用的地基承载力、持力层与报告所提供的是否相同；

2）询问、察看建筑位置是否与勘察范围相符；

3）察看场地内是否有软弱下卧层；

4）场地是否为特别的不均匀场地、是否存在勘察单位要求进行特别处理的情况，而设计单位没有进行处理；

5）要求建设单位提供的场地内是否有地下管线和相应的地下设施。

（2）无法验槽的情况。

1）基槽底面与设计标高相差太大；

2）基槽底面坡度较大，高差悬殊；

3）槽底有明显的机械车辙痕迹，槽底土扰动明显；

4）槽底有明显的机械开挖、未加人工清除的沟槽、铲齿痕迹；

5）现场没有详勘阶段的岩土工程勘察报告或基础施工图和结构总说明。

（3）验槽的主要内容。不同建筑物对地基的要求不同，基础形式不同，验槽的内容也不同，主要有以下几个方面：

1）根据设计图纸检查基槽的开挖平面位置、尺寸、槽底深度，检查是否与设计图纸相符，开挖深度是否符合设计要求；

2）仔细观察槽壁、槽底土质类型、均匀程度和有关异常土质是否存在，核对基坑土质及地下水情况是否与勘察报告相符；

3）检查基槽之中是否有旧建筑物基础、古井、古墓、洞穴、地下掩埋物及地下人防工程等；

4）检查基槽边坡外缘与附近建筑物的距离，基坑开挖对建筑物稳定是否有影响；

5）检查、核实、分析钎探资料，对存在的异常点位进行复核检查。

（4）验槽方法。通常以观察法为主。对于基底以下的土层不可见部位，要辅以钎探法完成。

采用观察法时，主要观察：

1）槽壁、槽底的土质情况，验证基槽开挖深度，初步验证基槽底部土质是否与勘察报告相符，观察槽底土质结构是否被人为破坏。

2）基槽边坡是否稳定，是否有影响边坡稳定的因素存在，如地下渗水、坑边堆载或近距离扰动等（对难于鉴别的土质，应采用洛阳铲等手段挖至一定深度仔细鉴别）。

3）基槽内有无旧的房基、洞穴、古井、掩埋的管道和人防设施等。如存在上述问题，应沿其走向进行追踪，查明其在基槽内的范围、延伸方向、长度、深度及宽度。

验槽时应重点观察柱基、墙角、承重墙下或其他受力较大部位；如有异常部位，要会同勘察、设计等有关单位进行处理。

2. 钎探法

钎探法是在基坑底进行轻型动力触探的主要方法。

（1）工艺流程。绘制钎点平面布置图→放钎点线→核验点线→就位打钎→记录锤击数→拔钎→盖孔保护→验收→灌砂。

（2）人工（机械）钎探。采用直径22～25mm钢筋制作的钢钎，使用人力（机械）使大锤（重10kg的穿心锤）自由下落规定的高度，撞击钎杆垂直打入土层中，记录其单位进深所需的锤数，为设计承载力、地勘结果、基土土层的均匀度等质量指标提供验收依据。

（3）作业条件。人工挖土或机械挖土后由人工清底到基础垫层下表面设计标高，表面人工铲平整，基坑（槽）宽、长均符合设计图纸要求；钎杆上预先用钢锯锯出以300mm为单位的横线，0刻度从钎头开始。

（4）根据基坑平面图，依次编号绘制钎点平面布置图。按钎点平面布置图放线，孔位洒上白灰点，用盖孔块压在点位上做好覆盖保护。盖孔块宜采用预制水泥砂浆块、陶瓷锦砖、碎磨石块、机砖等。每块盖块上面必须用粉笔写明钎点编号。

（5）就位打钎。钢钎的打入分人工和机械两种。

1）人工打钎：将钎尖对准孔位，一人扶正钢钎，一人站在操作凳子上，用大锤打钢钎的顶端；锤举高度一般为50cm，自由下落，将钎垂直打入土层中。也可使用穿心锤打钎。

2）机械打钎：将触探杆尖对准孔位，再将穿心锤套在钎杆上，扶正钎杆，利用机械动力拉起穿心锤，使其自由下落，锤距为50cm，将触探杆垂直打入土层中。

（6）记录锤击数。钎杆每打入土层30cm时，记录一次锤击数。钎探深度以设计为依据；如设计无规定时，一般钎点按纵横间距1.5m梅花形布设，深度为2.1m。

（7）拔钎、移位。用麻绳或钢丝将钎杆绑好，留出活套，套内插入撬棍或钢管，利用杠杆原理，将钎拔出。每拔出一段将绳套往下移一段，依此类推，直至完全拔出为止；将钎杆或触探器搬到下一孔位，以便继续拔钎。

（8）灌砂。钎探后的孔要用砂灌实。打完的钎孔经过质量检查人员和有关工长检查孔深与记录无误后，用盖孔块盖住孔眼。当勘察、设计和施工单位共同验槽办理完验收手续后，方可灌孔。

（9）质量控制及成品保护。同一工程中，钎探时应严格控制穿心锤的落距，不得忽高忽低，以免造成钎探不准。使用钎杆的直径必须统一。

钎探孔平面布置图绘制要有建筑物外边线、主要轴线及各线尺寸关系，外圈钎点要超出垫层边线200～500mm。

遇钢钎打不下去时。应请示有关工长或技术员，调整钎孔位置，并在记录单备注栏内做好记录。

钎探前，必须将钎孔平面布置图上的钎孔位置与记录表上的钎孔号先行对照，无误后方可开始打钎；如发现错误，应及时修改或补打。

在记录表上用有色铅笔或符号将不同的钎孔（锤击数的大小）分开。

在钎孔平面布置图上，注明过硬或过软的孔号的位置，画上枯井或坟墓等尺寸，以便勘察设计人员或有关部门验槽时分析处理。

打钎时，注意保护已经挖好的基槽，不得破坏已经成型的基槽边坡；钎探完成后，应做好标记，用砖护好钎孔，未经勘察人员检验复核，不得堵塞或灌砂。

3. 轻型动力触探的情形

遇到下列情况之一时，应在基坑底普遍进行轻型动力触探（现场也可用轻型动力触探替代钎探）：

（1）持力层明显不均匀；

（2）浅部有软弱下卧层；

（3）有浅埋的坑穴、古墓、古井等，直接观察难以发现时；

（4）勘察报告或设计文件规定应进行轻型动力触探时。

1.4 土方的填筑与压实

1.4.1 填方压实效果的影响因素

影响填土压实质量的主要因素有：压实功、土的含水量及铺土厚度。

1. 压实功的影响

填土压实后的密实度与压实机械对填土所施加的功二者之间的关系如图 1-13 所示。从图中可以看出，二者并不成正比关系，当土的含水量一定，在开始压实时，土的密度急剧增加，待到接近土的最大密度时，压实功虽然增加许多，而土的密度却没有明显变化。因此，在实际施工中，在压实机械和铺土厚度一定的条件下，辗压一定遍数即可，过多的压实遍数对提高土的密度作用不大。另外，对松土一开始就用重型碾压机械辗压，土层会出现强烈起伏现象，压实效果不好。应该先用轻碾压实，再用重碾辗压，会取得较好的压实效果。为使土层碾压变形充分，压实机械行驶速度不宜太快。

2. 土含水量的影响

土的含水量对填土压实质量有很大影响。较干燥的土，由于土颗粒之间的摩阻力较大，填土不易被压实；而土中含水量较大，超过一定限度时，土颗粒之间的孔隙全部被水填充而呈饱和状态，土也不能被压实。只有当土具有适当的含水量，土颗粒之间的摩阻力由于水的润滑作用而减小，土才容易被压实，如图 1-14 所示。土料的最优含水量和相应的最大干密度可由击实试验确定（试验方法见《土方与爆破工程施工及验收规范》），表 1-7 所列数值可供参考。

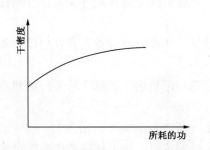

图 1-13 土的密度与压实功的关系

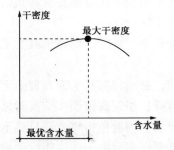

图 1-14 土的干密度与含水量关系

土的最优含水和最大干密度参考表   表 1-7

项次	土的种类	变动范围		项次	土的种类	变动范围	
		最优含水量（%）	最大干密度（g/cm³）			最优含水量（%）	最大干密度（g/cm³）
1	沙土	8~12	1.80~1.88	3	粉质黏土	12~15	1.85~1.95
2	黏土	19~23	1.58~1.70	4	粉土	16~22	1.61~1.80

为了保证填土在压实过程中具有最优含水量，土含水量偏高时，可采取翻松、晾晒、均匀掺入干土（或吸水性填料）等措施；如含水量偏低，可采用预先洒水润湿、增加压实遍数或使用大功能压实机械等措施。

3. 铺土厚度的影响

压实机械的压实作用，随土层的深度增加而逐渐减小。在压实过程中，土的密实度也是表层大，而随深度加深逐渐减小，超过一定深度后，虽经反复碾压，土的密度仍与未压实前一样。各种压实机械的压实影响深度与土的性质、含水量有关。因此，填方每层铺土厚度应根据土质、压实的密度要求和压实机械性能确定，或者按表1-8选用。在表1-8给出的范围内，轻型压实机械取小值，重型的取大值。

填方每层的铺土厚度和压实遍数　　　　　　　　　　　　　表1-8

压实机械	每层铺土厚度（mm）	每层压实遍数	压实机械	每层铺土厚度（mm）	每层压实遍数
平碾	200～300	6～8	蛙式打夯机	200～250	3～4
羊足碾	200～350	8～16	人工打夯	≤200	3～4

填方应按设计要求预留沉降量，一般不超过填方高度的3%。冬期填方每层铺土厚度应比常温施工时减少20%～25%，预留沉降量比常温时适当增加。填方中不得含冻土块及受冻填土层。铺土厚度和平整度可用小皮数杆控制，每10～20m长或100～200m² 面积设置一处。可用插针检验铺土厚度。

4. 质量事故分析

（1）回填土沉陷。填土沉陷，建筑物基础积水，甚至导致建筑物结构下沉。主要原因：

1）夯填之前未认真处理，回填土后受到水的浸湿出现沉陷；

2）回填土不进行分层填夯，使回填质量得不到保证；

3）回填土干土颗粒较大较多，回填达不到密实度要求。

（2）填方出现橡皮土。橡皮土又称为弹簧土。打夯时体积不能压缩，受击区下陷而周围鼓起，形成软塑状态。主要原因：在含水量过大的腐殖土、泥炭土、黏土、粉质黏土等原状土上进行回填或采用这种土进行回填时，容易出现橡皮土，尤其在混杂状态下进行填土，由于原状土被扰动，颗粒之间的毛细孔遭到破坏，水分不容易渗透和散发。当气温较高时，进行夯击和碾压，特别是用光面辊碾压，表面形成硬壳，更加阻止水分的渗透和散发，形成软塑型的橡皮土。

1.4.2　填筑土料的选择

1. 材料要求

（1）质地坚硬的碎石、爆破石碴，粒径不大于每层铺厚的2/3，可用于表层下的填料。

（2）砂土应采用质地坚硬的中粗砂，粒径为0.25～0.5mm，可用于表层下的填料。如采用细、粉砂时，应经设计单位同意。

（3）黏性土（粉质黏性、粉土），土块颗粒不应大于 5cm，碎石草皮和有机质含量不大于 8%。回填压实时，应控制土的最佳含水率。

（4）淤泥和淤泥质土一般不能用作填料。但在软土和沼泽地区，经过处理含水量符合压实要求后，可用于填方的次要部位。碎块草皮和有机质含量大于 8% 的土，仅用于无压实要求的填方。

（5）含盐量符合表 1-9 规定的盐渍土一般可以使用，但填料中不得含有盐晶、盐块或含盐植物的根茎。

盐渍土按含盐程度分类   表 1-9

| 盐渍土名称 | 土层的平均含盐量（重量%） | | | 可用性 |
	氯盐渍土及亚氯盐渍土	硫酸盐渍土及亚硫酸氯盐渍土	碱性盐渍土	
弱盐渍土	0.5~1	0.3~0.5		可　用
中盐渍土	1~5①	0.5~2①	0.5~1②	可　用
强盐渍土	5~8②	2~5①	1~2②	可用，但应采取措施
过盐渍土	>8	>5	>2	不可用

注：①其中硫酸盐含量不得超过 2% 方可用。
　　②其中易溶碳酸盐含量不得超过 0.5% 方可用。

2. 填筑要求

填土应分层进行，尽量采用同类土回填，换土回填时，必须将透水性较小的土层置于透水性较大的土层之上，不得将各类土料任意混杂使用。填方土层应接近水平地分层压实。

1.4.3　填土压实方法

在软弱地基上建造建筑物或构筑物时，一般都应对基础作用范围内的土采取一定的技术加固与处理措施，使之满足基础设计的要求。地基处理与加固的方法有很多，如换填法、预压法、强夯法、振冲法、土与灰土挤密桩法、砂桩法、水泥粉煤灰碎石桩法、深层搅拌法、高压喷射注浆法和托换法等。本节主要介绍填土压实的三种方法：碾压法、夯实法、振动压实法（如图 1-15 所示）。

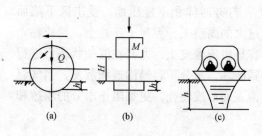

图 1-15　填土压实方法
（a）碾压法；（b）夯压；（c）振动压实法

1. 碾压法

碾压法是利用机械滚轮的压力压实土壤，使之达到所需的密实度。碾压机械有平碾、羊足碾等。平碾又称光碾压路机，是一种以内燃机为动力的自行压路机。按重量等级分为轻型（30~50kN）、中型（60~90kN）和重型（100~140kN）三种，适于压实砂类土和黏性土。羊足碾一般无动力，靠拖拉机牵引，有单筒、双筒两种。根据碾压要求，又可分为空筒及装砂、注水等三种，羊足碾虽然与土接触面积小，但对单位面积的压力比较大，土壤压实的效果好。羊足碾适于对黏性土的压实，如图1-16所示。

碾压机开行速度不宜过快，否则影响压实效果。一般不应超过下列规定：

（1）平碾：2km/h；

（2）羊足碾：3km/h。

2. 夯实法

夯实法是利用夯锤自由下落的冲击力来夯实土壤。夯实法分人工夯实和机械夯实两种。人工夯实所用的工具有木夯；常用的夯实机械有夯锤、内燃夯土机和蛙式打夯机（图1-17）。夯实机械具有体积小、重量轻、对土质适应性强等特点，在工程量小或作业面受到限制的条件下尤为适用。

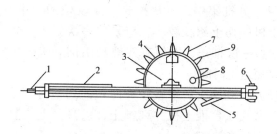

图1-16 单筒羊足碾构造示意图
1—前拉头；2—机架；3—轴承座；4—碾筒；
5—铲刀；6—后拉头；7—装砂口；
8—水口；9—羊蹄头

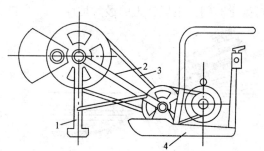

图1-17 蛙式打夯机
1—夯头；2—夯架；3—传动皮带；4—底盘

3. 振动压实法

振动压实法是将振动压实机放在土层表面，借助振动机构使压实机振动土颗粒，土的颗粒发生相对位移而达到紧密状态。用这种方法振实非黏性土的效果较好。

振动碾是一种振动和碾压同时作用的高效能压实机械，比一般平碾提高工效1~2倍。适于对爆破石渣、碎石类土、杂填或轻亚黏土的压实。

1.5 土方机械化施工

1.5.1 常用土方施工机械

土方工程面广量大，人工挖土不仅劳动繁重，而且生产率低、工期长、成本高，因此，土方工程中应尽量采用机械化、半机械化的施工方法，以减轻劳动强度，加快施工进度。土方工程施工机械的种类繁多，主要包括推土机、铲运机、挖掘机。工程施工中，应根据工程特点、配套要求，并考虑经济效益，合理选用施工机械。

1. 推土机

推土机是一种在拖拉机上装有推土板等工作装置的土方机械。按行走方式可分为履带式和轮胎式，按推土板的操纵方式可分为索式（自重切土）和液压式（强制切土）。液压式可以调整推土的角度，因此，具有更大的灵活性。

推土机操纵灵活，所需工作面小，行驶速度快，转移方便，能爬30°左右的缓坡，能单独完成切土、推土和卸土等工作，因此，应用较广。多用于场地清理和平整，开挖深度在1.5m以内的基坑，填平沟坑，以及配合铲运机、挖土机工作等。此外，在推土机后面加装松土装置，破、松硬土和冻土，还能牵引无动力的土方机械如拖式铲运机、羊足碾等。推土机可推挖一至三类土，经济运距在100m以内，30~60m时经济效益最好。

推土机的生产效率主要取决于推土板推移土的体积及切土、推土、回程等工作的循环时间。为了提高推土机的生产率，缩短推土时间和减少土的散失，常用以下几种施工方法：

（1）下坡铲土。如图1-18所示，即借助于机械本身的重力作用以增加推土能力和缩短推土时间。下坡铲土的最大坡度，以控制在15°以内为宜。

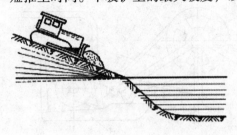

图1-18 下坡铲土法

（2）分批集中，一次推送。在较硬的土中，因推土机的切土深度较小，应采取多次铲土，分批集中，一次推送，以便有效地利用推土机的功率，缩短运土时间。

（3）并列推土。平整较大面积的场地时，可采用两台或3台推土机并列推土，以减少土的散失，提高生产效率。

（4）槽形推土。即利用前次已推过土的原槽再次推土，这样可以大大减少土的散失。另一方面，当土槽推至一定深度（一般为0.4~0.5m）后，则转而推土埂（其宽度约为铲刀宽度的一半）的土，这时，可以很方便地将土埂的土推走。此法又称跨铲法推土。

（5）铲刀上附加侧板。在铲刀两边装上侧板，以增加铲刀前的土方体积。

2. 铲运机

铲运机是一种能独立完成铲土、运土、卸土、填筑、整平的土方机械。按有无动力设备可分为拖式和自行式两种，如图1-19所示。拖式铲运机需有拖拉机牵引及操纵，自行式铲运机的行驶和工作，都靠本身的动力设备完成。

(a)   (b)

图1-19 铲运机

（a）自行式铲运机；（b）拖式铲运机

铲运机对行驶道路的要求较低，操纵灵活，行驶速度快，生产率高，费用低。适用于地形起伏不大，坡度在15°以内的大面积场地平整，基坑、沟槽开挖，填筑路基等工作。宜于开挖含水量不超过27%的松土和普通土，硬土需松土机预松后才能开挖，但不适于在砾石层、冻土地带和沼泽区施工。拖式铲运机的运距以800m以内为宜，300m左右效率最高。自行式铲运机的经济运距为 800~1500m，在规划运行路线时，应符合经济运距的要求。

（1）铲运机的开行路线。由于挖填区的分布不同，如何根据具体条件，选择合理的开行路线，对于提高铲运机的生产率影响很大。铲运机的开行路线有以下几种：

1）环形路线。这是一种简单而常用的开行路线。根据铲土与卸土的相对位置不同，可分为图 1-20（a）和图 1-20（b）所示的两种情况。每一循环只完成一次铲土与卸土。当挖填交替而挖填之间的距离又较短时，则可采用大环形路线，如图 1-20（c）所示。其优点是一个循环能完成多次铲土和卸土，从而减少铲运机的转弯次数，提高工作效率。采用环形路线，为了防止机件单侧磨损，应避免仅向一侧转弯。

2）8字形路线。这种开行路线的铲土与卸土，轮流在两个工作面上进行，如图 1-20（d）所示，机械上坡是斜向开行，受地形坡度限制小。每一循环能完成两次作业，即每次铲土只需转弯一次，运行时间比环形路线短，提高了生产效率。同时，一个循环中两次转弯方向不同，机械磨损也较均匀。这种开行路线主要适用于取土坑较长的路基填筑，以及坡度较大的场地平整中。

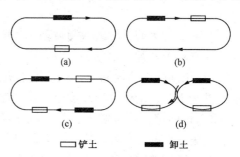

图 1-20　铲运机的开行路线
（a）环形路线（一）；（b）环形路线（二）；
（c）大环形路线；（d）八字形路线

（2）铲运机的施工方法。为了提高铲运机的生产效率，除了规划合理的开行路线外，还可根据不同的施工条件，采用下列方法：

1）下坡铲土。铲运机铲土应尽量利用有利地形进行下坡铲土。这样，可以利用铲运机的重力来增大牵引力，使铲斗切土加深，缩短装土时间，从而提高生产率。一般来说，面坡度以 5°~7°为宜。如果自然条件不允许，可在施工中逐步创造一个下坡铲土的地形。

2）跨铲法。就是预留土埂，间隔铲土方法。这样，可使铲运机在挖两边土槽时减少向外撒土量，挖土埂时增加了两个自由面，阻力减小，铲土容易。土埂高度应不大于 300mm，宽度以不大于拖拉机两履带间净距为宜。

3）助铲法。在地势平坦、土质较坚硬时，可采用推土机助铲，以缩短铲土时间。此法的关键是双机要紧密配合，否则会达不到预期效果。一般每 3~4 台铲运机配一台推土机助铲。推土机在助铲的空隙时间，可作松土或其他零星的平整工作，为铲运机施工创造条件。

3. 挖掘机

挖掘机是土方工程中最常用的一种施工机械，按其行走机构不同可分为履带式和轮胎式两类，其传动方式有机械传动和液压传动两种。根据工作需要，挖掘机的工作装置可以更换。按其工作装置的不同，可分为正铲挖掘机、反铲挖掘机、拉铲挖掘机和抓铲挖掘机等，如图 1-21 所示。挖掘机进行土方挖土作业时，需自卸汽车配合运土。

（1）正铲挖掘机。正铲挖土机的挖土特点是"前进向上，强制切土"。其挖掘力大，生产效率高，能开挖停机面以上的一至四类土，宜用于开挖高度大于 2m 的干燥的基坑，但需设置不大于 1:6 坡度的上下坡道。

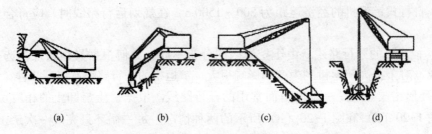

图 1-21　挖掘机工作简图

（a）正铲挖土机；（b）反铲挖土机；（c）拉铲挖土机；（d）抓铲挖土机

根据挖土机的开挖路线与运输工具的相对位置不同，可分为正向挖土侧向卸土和正向挖土后方卸土两种，如图 1-22 所示。

1）正向挖土侧向卸土，就是挖土机沿前进方向挖土，运输工具停在侧面装土。此法挖土机卸土时，动臂回转角度小，运输工具行驶方便，生产率高，采用较广。

2）正向挖土后方卸土，就是挖土机沿前进方向挖土，运输工具停在挖土机后面装土。此法所挖的工作面较大，但回转角度大，生产率低，运输工具倒车开入，一般只用来开挖施工区域的进口处，以及工作面狭小且较深的基坑。

（2）反铲挖土机。反铲挖土机主要用于开挖停机面以下深度不大的基坑（槽）或管沟及含水量大的土，最大挖土深度为 4~6m，经济合理的挖土深度为 1.5~3.0m。挖出的土方卸在基坑（槽）、管沟的两边堆放或用推土机推到远处堆放，或配备自卸汽车运走。

反铲挖土机的挖土特点是"后退向下，强制切土"。其挖掘力比正铲小，能开挖停机面以下的一至三类土，宜用于开挖深度不大于 4m 的基坑，对地下水位较高处也适用。

反铲挖土机的开挖方式，可分为沟端开挖、沟侧开挖与沟角开挖等方法，如图 1-23 所示。

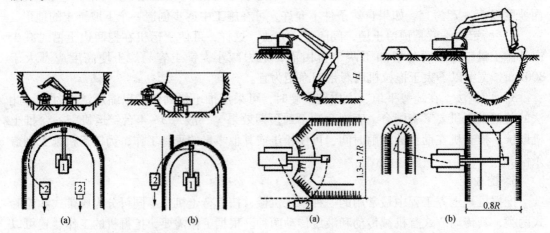

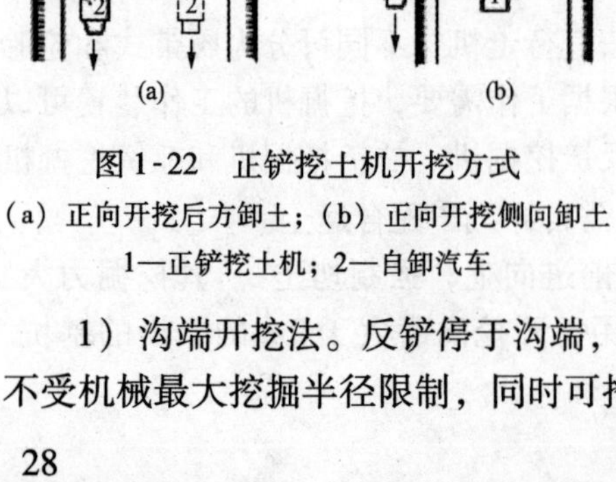

图 1-22　正铲挖土机开挖方式

（a）正向开挖后方卸土；（b）正向开挖侧向卸土
1—正铲挖土机；2—自卸汽车

图 1-23　反铲挖土机工作方式

（a）沟端开挖；（b）沟侧开挖

1）沟端开挖法。反铲停于沟端，后退挖土，往沟一侧弃土或用汽车运走，挖掘宽度不受机械最大挖掘半径限制，同时可挖到最大深度，采用较多。

2）沟侧开挖法。反铲停于沟侧，沿沟边开挖，汽车停在机旁装土，或往沟一侧卸土。本法铲臂回转角度小，能将土弃于距沟边较远的地方，但挖土宽度受限制，且边坡不好控制，机身停在沟边而稳定性较差，一般用于横挖土层和需将土方卸到离沟边较远的距离时。

（3）拉铲挖掘机。拉铲挖掘机的挖土特点是"后退向下，自重切土"。其挖土半径和挖土深度较大，能开挖停机面以下的一至二类的土，但不如反铲挖土机灵活准确。适于开挖较深较大的基坑（槽）、沟渠，挖取水中泥土以及填筑路基、修筑堤坝，更适于河道清淤。拉铲挖土机大多将土直接卸在基坑（槽）附近堆放，或配备自卸汽车装土运走，但工效较低。

拉铲挖土时，吊杆倾斜角度应在45°以上。先挖两侧然后中间，分层进行，保持边坡整齐，距边坡的安全距离应不小于2m。开挖方式有以下两种：

1）沟端开挖。拉铲停在沟端，倒退着沿沟纵向开挖，一次开挖宽度可以达到机械挖土半径的两倍，能两面出土，汽车停放在一侧或两侧，装车角度小，坡度较易控制，并能开挖较陡的坡，适用于就地取土填筑路基及修筑堤坝等。

2）沟侧开挖。拉铲停在沟侧沿沟横向开挖，沿沟边与沟平行移动，开挖宽度和深度均较小，一次开挖宽度约等于挖土半径。如沟槽较宽，可在沟槽的两侧开挖。本法开挖边坡不易控制，适于就地堆放以及填筑路堤等工程。

（4）抓铲挖掘机。抓铲挖土机的挖土特点"直上直下，自重切土"。其挖掘力较小，能开挖一至二类土，适用于开挖土质比较松软，施工面狭窄而深的基坑、深槽、沉井挖土、清理河泥等工程，或用于装卸碎石、矿渣等松散材料。

对小型基坑，抓铲立于一侧抓土，对较宽的基坑，则在两侧或四侧抓土，抓铲应离基坑边有一定距离。土方可装自卸汽车运走或堆弃在基坑旁或用推土机推到远处堆放。挖淤泥时，抓斗易被淤泥吸住，应避免用力过猛，以防翻车。抓铲施工，一般均需加配重。

1.5.2 土方施工机械的选择与配合

1. 土方施工机械的选择

土方机械化开挖应根据基础形式、工程规模、开挖深度、地质、地下水情况、土方量、运距、现场和机具设备条件、工期要求以及土方机械的特点等合理选择挖土机械，以充分发挥机械效率，节省机械费用，加速施工进度。

一般常用土方机械的选择可参考表1-10。

一般情况下，深度不大的大面积基坑开挖，宜采用推土机或装载机推土、装土，用汽车运土；对长度和宽度均较大的大面积土方一次开挖，可用铲运机铲土、运土、填筑作业；对面积较深的基础多采用 $0.5m^3$ 或 $1.0m^3$ 斗容量的液压正铲挖掘机上层土方也可用铲运机或推土机进行；如操作面狭窄，且有地下水，土体湿度大，可采用液压反铲挖掘机挖土，自卸汽车运土；在地下水中挖土，可用拉铲，效率较高；对地下水位较深，采取不排水时，亦可分层用不同机械开挖，先用正铲挖土机挖地下水位上土方，再用拉铲或反铲挖地下水位以下土方，用自卸汽车将土方运出。

2. 挖掘机与运土车辆配合计算

在组织土方工程机械化施工时，必须使主导机械和辅助机械的台数相互配套，协调工作。

机械名称、特性	作业特点及辅助机械	适用范围
推土机： 　操作灵活，运转方便，需工作面小，可挖土、运土，易于转移，行驶速度快，应用广泛	1. 作业特点： ①推平；②运距 100m 内的推土；③开挖浅基坑；④推送松散的硬土、岩石；⑤回填、压实；⑥配合铲运机助铲；⑦牵引；⑧下坡坡度最大 35°，横坡最大为 10°，几台同时作业，前后距离应大于 8m。 2. 辅助机械： 　土方开挖后需配备装土、运土设备；推挖三～四类土，应用松土机预先翻松	1. 推一～四类土； 2. 找平表面，场地平整； 3. 短距离移挖作填，回填基坑、管沟并压实； 4. 开挖深度不大于 1.5m 的基坑； 5. 堆筑高 1.5m 内的路基、堤坝； 6. 拖羊足碾； 7. 配合挖土机从事集中土方、清理场地、修路开道等
铲运机： 　操作简单灵活，不受地形限制，不需特设道路，准备工作简单，能独立工作，不需其他机械配合能完成铲土、运土、卸土、填筑、压实等工序，行驶速度快，易于转移；需用劳动力少，动力少，生产率高	1. 作业特点： ①大面积整平；②开挖大型基坑、沟渠；③运距 800～1500m 内的挖运土（效率最高为 200～350m）；④填筑路堤、堤坝；⑤回填压实土方；⑥坡度控制在 20°以内。 2. 辅助机械： 　开挖坚土时需用推土机助铲，开挖三～四类土宜先用松土机预先翻松 20～24cm；自行式铲运机用轮胎行驶，适合于长距离，但开挖亦须用助铲	1. 开挖含水率 27% 以下的四类土； 2. 大面积场地平整、压实； 3. 运距 800m 内的挖运土方； 4. 开挖大型基坑（槽）、管沟、填筑路基等。但不适于砾石层冻土地带及沼泽地区使用
正铲挖掘机： 　装车轻便灵活，回转速度快，移位方便；能挖掘坚硬土层，易控制开挖尺寸，工作效率高	1. 作业特点： ①开挖停机面以上土方；②工作面应在 1.5m 以上；③开挖高度超过挖土机挖掘高度时，可采取分层开挖；④装车外运。 2. 辅助机械： 　土方外运应配备自卸汽车，工作面应有推土机配合平土、集中土方进行联合作业	1. 开挖含水量不大于 27% 的一～四类土和经爆破后的岩石与冻土碎块； 2. 大型场地整平土方； 3. 工作面狭小且较深的大型管沟和基槽路堑； 4. 独立基坑； 5. 边坡开挖
反铲挖掘机： 　操作灵活，挖土、卸土均在地面作业，不用开运输道	1. 作业特点： ①开挖地面以下深度不大的土方；②最大挖土深度 4～6m，经济合理深度为 1.5～3m；③可装车和两边甩土、堆放；④较大深度基坑可用多层接力挖土。 2. 辅助机械： 　土方外运应配备自卸汽车，工作面应有推土机配合推到附近堆放	1. 开挖含水量大的一～三类的砂土或黏土； 2. 管沟和基槽； 3. 独立基坑； 4. 边坡开挖

机械名称、特性	作业特点及辅助机械	适用范围
拉铲挖掘机： 可挖深坑，挖掘半径及卸载半径大，操纵灵活性较差	1. 作业特点： ①开挖停机面以下土方；②可装车或甩土；③开挖截面误差较大；④可将甩土在基坑（槽）两边较远处堆放。 2. 辅助机械： 土方外运需配备自卸汽车、推土机，创造施工条件	1. 挖掘一～三类土，开挖较深较大的基坑（槽）、管沟； 2. 大量外借方； 3. 填筑路基、堤坝； 4. 挖掘河床； 5. 不排水挖取水中泥土
抓铲挖掘机： 钢绳牵拉灵活性较差，工效不高，不能挖掘坚硬土；可以装在简易机械上工作，使用方便	1. 作业特点： ①开挖直井或沉井土方；②可装车或甩土；③排水不良也能开挖；④吊杆倾斜角度应在45°以上，距边坡不小于2m。 2. 辅助机械： 土方外运时，按运距配备自卸汽车	1. 土质比较松软，施工面较狭窄的深基坑、基槽； 2. 水中取土，清理河床； 3. 桥基、桩孔挖土； 4. 装卸散装材料
装载机： 操作灵活，回转移位方便、快速；可装卸土方和散料，行驶速度快	1. 作业特点： ①开挖停机面以上土方；②轮胎式只能装松散土方，履带式可装较实土方；③松散材料装车；④吊运重物，用于铺设管道。 2. 辅助机械： 土方外运需配备自卸汽车，作业面需经常用推土机平整并推松土方	1. 外运多余土方； 2. 履带式改换挖斗时，可用于开挖； 3. 装卸土方和散料； 4. 松散土的表面剥离； 5. 地面平整和场地清理等工作； 6. 回填土； 7. 拔除树根

主导机械（如挖掘机）的数量，应根据该机械的生产率和每班完成的工作量并考虑由于机械故障或其他原因而临时停工等因素，算出所需的机械台班数，再根据工期及工作面大小来确定。主导机械数量确定后，按充分发挥主导机械效能的原则确定配套机械的数量。

（1）单斗挖掘机数量计算。

1）挖土机的生产率。

$$P = \frac{8 \times 3600}{t} q \frac{K_C}{K_S} K_B \qquad (1-18)$$

式中　P——挖土机的生产率，m^3／台班；

　　　t——挖土机每次作业循环的延续时间，s；

　　　q——挖土机的斗容量，m^3；

　　　K_S——土的最初可松性系数；

　　　K_C——挖土机土斗充盈系数，可取 $0.8 \sim 1.1$；

　　　K_B——挖土机工作时间利用系数，一般为 $0.6 \sim 0.8$。

2）挖土机数量计算。

$$N = \frac{Q}{P} \times \frac{1}{T \cdot C \cdot K_B} \qquad (1\text{-}19)$$

式中　N——挖土机数量，台；

　　　Q——土方量，m^3；

　　　P——挖土机的生产率，m^3/台班；

　　　T——工期，工作日；

　　　C——每天工作班数；

　　　K_B——挖土机工作时间利用系数。

若挖土机数量已定，工期 T 可按下式计算：

$$T = \frac{Q}{P} \times \frac{1}{N \cdot C \cdot K_B} \qquad (1\text{-}20)$$

（2）运土车辆数量计算。运土车辆装载容量 Q_1，一般宜为挖土机容量的 3～5 倍；运土车辆的数量 N_1，应保证挖土机连续工作，可按下式计算：

$$N_1 = \frac{T_1}{t_1} \qquad (1\text{-}21)$$

式中　T_1——运土车辆每一个工作循环延续时间，min；

$$T_1 = t_1 + \frac{2L}{V_C} + t_2 + t_3$$

　　　t_1——运土车辆每次装车时间，min；$t_1 = nt$；

　　　n——运土车辆每车装土斗数，$n = \dfrac{Q_1}{q \cdot \dfrac{K_C}{K_S} \cdot \rho}$；

　　　t——挖土机每斗作业循环的延续时间，s；

　　　ρ——土的重力密度（一般取 $17kN/m^3$）；

　　　L——运距，m；

　　　V_C——重车与空车的平均速度，m/min（一般取 20～30km/h）；

　　　t_2——卸车时间，一般为 1min；

　　　t_3——操纵时间（包括停放待装、等车、让车等），一般为 2～3min。

1.6　爆破工程

在土木工程施工中，爆破技术常用于场地平整、地下工程中土石方开挖、基抗（槽）或管沟挖土中岩石的炸除、施工现场树根和障碍物的清除、拆除旧建筑物和构筑物等。

爆破工程应特别重视安全施工。爆破作业的每一道工序，都必须仔细检查，要认真贯彻执行爆破安全方面的有关规定，尤其应注意下面四个方面：

（1）爆破器材的领取、运输和贮存，应有严格的规章制度。雷管和炸药不得同车装运、同库贮存。仓库离工厂或住宅区等应有一定的安全距离，一并严加警卫。

（2）爆破施工前，应做好安全爆破的各项准备工作，划好安全距离，设置警戒哨。闪电雷鸣时，禁止装药接线，施工操作时严格按安全操作规程办事。

（3）炮眼深度超过 4m 时，须用两个雷管起爆；如深度超过 10m，不得用火花起爆。

（4）爆破时发现拒爆，必须先查原因后，再进行处理。

1.6.1 炸药及其用量计算

1. 炸药

土方工程中常用的炸药分为起爆炸药和破坏炸药两类。

起爆炸药是一种烈性炸药，敏感性极高，很容易爆炸，用丁制造雷管、导爆线和起爆药包等。起爆炸药主要有雷汞、叠氮铅、黑索金、持屈儿、泰安等。

破坏炸药又称次发炸药，用以作为主炸药，具有相当大的稳定性，只有在起爆炸药的爆炸激发下，才能发生爆炸。这类炸药主要有：梯恩梯（TNT）（或称之硝基甲苯）、硝化甘油炸药（胶质炸药）、铵梯炸药、黑火药等。

2. 药包量计算

爆破土石方的时候，用药量要根据岩石的硬度、岩石的缝隙、临空面的多少、估计爆破的土石方量以及施工经验来决定。

炸药量的理论计算是以标准抛掷漏斗为依据。用药量的多少与漏斗内的土石方体积成正比。其药包量 Q 的基本公式为：

$$Q = eqV \tag{1-22}$$

式中　q——爆破 $1m^3$ 岩石所需的耗药量，kg/m^3，可参考表 1-11 确定；

　　　V——被爆炸岩石的体积，m^3；

　　　e——炸药换算系数，见表 1-12。

标准抛掷爆破药包的单位耗药量 q 值表　　　　　　　　　　表 1-11

土的类别	一~二类	三~四类	五~六类	七类	八类
q（kg/m^3）	0.95	1.10	1.25~1.50	1.60~1.90	2.00~2.2

注：本表以 1 号露天铵梯炸药为标准计算，当用其他炸药时，须乘以换算系数 e 值。

炸药换算系数 e 值表　　　　　　　　　　表 1-12

炸药名称	型　号	e	炸药名称	型　号	e
露天铵梯	1、2 号	1.00	胶质硝铵		0.78
煤矿铵梯	1 号	0.97	硝酸铵		1.35
煤矿铵梯	2 号	1.12	铵油炸药		1.00~1.20
煤矿铵梯	3 号	1.16	苦味酸	1、2 号	0.90
岩石铵梯	1 号	0.80	黑火药		1.00~1.25
岩石铵梯	2 号	0.88	梯恩梯		0.92~1.00

1.6.2 起爆方法

为了使用安全，一般使用敏感性较低的破坏炸药。使用时，要使炸药发生爆炸，必须用起爆炸药引爆。起爆方法有：火花起爆、电力起爆和导爆索（或导爆管）起爆。

1. 火花起爆法

火花起爆是利用导火索在燃烧时的火花引爆雷管，先使药卷爆炸，从而使全部炸药发生爆炸。火花起爆器材有：导火索、火雷管及起爆药卷。

（1）火雷管。普通雷管由外壳，正、副起爆炸药和加强帽三部分组成。雷管的规格有 1～10 号，号数愈大，威力愈大，其中以 6 号和 8 号应用最广。由于雷管内装的都是烈性炸药，遇冲击、摩擦、加热、火花就会爆炸，因此在运输、保管和使用中都要特别注意。

火线雷管制作要注意以下要点：

1）根据导火索及火雷管的规格，按起爆所需的长度（最短不得少于 1.2m），用锋利小刀切齐导火索，打折、过粗、过细或外观有损伤处应切去不用，然后将导火索小心地轻轻插入火雷管内至接触加强帽为止，不可猛插、挤压或转动，以免雷管爆炸伤人。

2）火雷管与导火索连接的固定方法应随管壳材料定，对金属火雷管，可用雷管钳夹紧管体上部管口 5mm 以内的边缘处，使雷管口卡住导火索，严禁用铁棒、石头敲打，或用牙咬，当使用纸壳火雷管时，可用麻绳或胶布缠缚。

（2）导火索。由黑火药药芯和耐水外皮组成，直径 5～6mm。导火索的正常燃速是 1cm/s；另一种为 0.5cm/s。使用前应当做燃烧速度试验，必要时还应做耐水性试验，以保证爆破安全。根据所需要用的长度将导火索切下（不得小于 1m），将插入雷管的一段切成直角，插到与雷管中的加强帽接触为止，不要转动也不要用力压下。然后用雷管钳将导火索夹紧于雷管壳上，夹紧部分为 3～5mm，此时称为火线雷管。

（3）起爆药卷。起爆药卷是使主要炸药爆炸的中继药包。制作时，解开药卷的一端，使包皮敞开，将药卷捏松，用木棍轻轻地在药卷中插一个孔，然后将火线雷管插入孔内，收拢包皮纸，用细麻绳绑扎。起爆药卷只能在即将装炸药前制作这次需用的数量，不得先做成成品使用。

起爆药卷制作中要注意以下要点：

1）先解开药卷的一端，将药卷捏松，然后用直径 5mm、长 100～120mm 圆木棍轻轻插入药卷中央后抽出，将火线雷管或电雷管插入孔内，埋在药卷中部位置。不得将雷管猛力插入。

2）火线雷管插入孔内的深度，如为硝化甘油类炸药，只需将雷管全部放在药内即可；如为其他炸药，则将雷管插入药卷 1/3～1/2 的地方，最后收拢包皮纸，用细麻绳牢固绑扎。如用于潮湿处，则应进行防潮处理。

3）对起爆间隔时间不同的起爆药卷，应以记号分别标志（一般以导火索的长短来调整时间），以免在装药时混淆不清。

（4）注意事项。

1）加工起爆雷管（包括信号雷管）应在专设的工房内进行，或不受阳光直晒的干燥地点进行。

2）起爆药卷只可在爆破地点或装药前制作该次所需量的起爆药卷，不得先制成成品备用。制作前，应检查雷管内有无尘土杂物，导火索是否有漏药、过粗、过细或其他外部缺陷。导火索使用前，应将浸有防潮剂的索头剪去，将剪平整的一端插入火雷管最底部，使药芯正对传火孔，结合牢固，防止脱落，一端剪成椭圆面，并将头部捏松，以便点火。

加工时，避免导火索曲折、折断或沾染油污。制作好的起爆药卷应小心妥善保管，不得受振动、碰撞，也不得将火线雷管拔出。

3）爆破人员一次点燃 5 炮以下时，必须使点炮人员在点燃最后一根导火索后能隐蔽至安全地点，导火索的长度不得短于 1.2m；当一个爆破工一次点燃 5 炮以上时，或两人同时点炮时，应采取信号导火索或信号雷管来控制点炮时间。

4）点燃导火索材料，一般可用点火香、点火绳、点火筒等，或者可用一股点燃的导火索。只有一个药包需要点燃时，才可用明火点燃。

5）导火索在爆破中所取的长度，应根据燃烧速度试验和在点火后能避入安全地点的时间来定，但最短不得小于 1.2m，导火索伸出炮孔的长度不得小于 0.2m。导火索埋入炮孔内的长度不应超过 4m。在竖井内或在点火人员撤离不方便的地方爆破时，不得采用火花起爆。

6）在起爆中，应设专人计算响炮数，如计算数与点火数相符时，在最后一炮响后 5min 以后，方可进入爆破作业区，如不相符或有怀疑时，应至少等待 20min，方可进入爆破作业区。

7）导火索只可用于干燥和潮湿度不大的作业面，不宜用在很潮湿的作业面或水中。并严禁在同一爆破工作面上，使用两种不同燃速的导火索。

2. 电力起爆法

电力起爆是利用电雷管中的电力引火剂发热燃烧使雷管爆炸，从而引起药包爆炸。大规模爆破及同时起爆较多炮眼时，多采用电力起爆。电力起爆器材有：电雷管、电线、电源及测量仪器。

电雷管是由普通雷管和电力引火装置组成，有即发电雷管和延期电雷管两种。延期电雷管是在电力引火装置与起爆药之间放上一段缓燃剂而成。延期雷管可以延长雷管爆炸时间。延长时间有：2、4、6、8、10、12s 等。

电线是用来连接电雷管，组成电爆网络。通常用胶皮绝缘或塑料绝缘线，禁止使用不带绝缘包皮的电线。电源可用照明和动力电源、电池组或专供电力起爆用的各类放炮器。

使用电力起爆法时应注意以下事项：

（1）电雷管在使用前，应检查其电阻（导电性），并应在安全隐蔽的地方进行，断电的应取出不用。根据不同电阻值选配分组，在同一串联网路中，必须用同厂、同批、同型号的电雷管，各电雷管（脚线长度为 2m）之间的电阻差值，对康铜桥丝：铁脚线不大于 0.3Ω；钢脚线不大于 0.25Ω。对镍铬桥丝：铁脚线不大于 0.8Ω；铜脚线不大于 0.3Ω。

（2）为保证电雷管的准爆和操作安全，电雷管的有关参数应符合以下规定：电阻为 10~15Ω；最大安全电流输出电流不得超过 0.05A；最小准爆电流对康铜桥丝雷管：交流电源为 3A；直流电源为 2A。对镍铬桥丝电雷管：交流电源为 2.5A；直流电源为 1.5A。

（3）电爆网络应采用胶皮绝缘和塑料绝缘的导线，不得使用裸露线。

（4）电力起爆前，应将每个电雷管的脚线连成短路，使用时方可解开，并严禁与电池放在一起或与电源线路相碰。主线的末端亦应连成短路，用胶布包裹，以防误触电源，发生爆炸。

（5）对大型或重要的爆破工程，应采用复式网路。不得采用水或大地作电爆网络的回路。

（6）使用电力线路作起爆电源，必须有闸刀开关装置。区域线与闸刀主线的接连工作，必须是在所有爆破眼孔均已装药、堵塞完毕，现场其他作业人员已退至安全地区后方准进行。

（7）起爆之前应对爆破网路进行一次检查，防止接头与地面、岩石接触，造成短路。同时应用爆破欧姆表检测电爆网络的电阻和绝缘，如与计算值相差10%以上时，应查明原因，并消除故障后方可爆。

（8）电源与雷管要分开放置，放炮箱闸刀要上锁，并有专人管理，得到放炮命令后方准起爆。

（9）起爆后，若发生拒爆，应立即将主线从电源解开，并将主线短路。如使用即发雷管时，应在短路后不少于5min，方可进入现场；如使用延期雷管时，应在短路后不少于15min，方可进入现场检查。

（10）遇有暴风雨或闪电打雷时，禁止装药、安装电雷管和连接电线等操作，同时应迅速将雷管的脚线、电源线的两端分别绝缘。

3. 导爆索起爆法

导爆索起爆是用导爆索直接引起药包爆炸，不用雷管。由于导爆索的爆炸速度快，可以同时起爆多个药包。使用的材料主要有导爆索及点燃导爆索的雷管等。

导爆索的外线和导火索相似，但它的药芯是由高级烈性炸药组成，传爆速度达7000m/s以上。皮线绕红色线条以与导火索区别。导爆索起爆不需雷管，但本身必须用雷管引爆。这种方法成本较高，主要用于深孔爆破和大规模的药室爆破，不宜用于一般的炮眼法爆破。

导爆索的联结方式见表1-13。

导爆索的联结方式

表1-13

名　　称	联结方式	优缺点及应用
串联法	每个药包之间直接用导爆索联结起来	联结方便，线路简单，接头少，但联结可靠性差，在整个线路中，如有一个药包拒爆时，将会影响到后面所有药包拒爆，目前很少采用
分段并联法	将联结每个药包的每段导爆索与另外一根导爆索（又称主线）联结起来	各药包爆破互不干扰，一个药包拒爆，不影响整个起爆，对准确起爆有可靠保证；导爆索消耗量少。但联结较复杂，检查不便，联结不好，个别会产生拒爆，在爆破工程中应用很广
并簇联法	将联结每个药包的每段导爆索联成一捆，然后与另一根导爆索（主线）联结起来	联结简单，可靠性较串联大。但导爆索消耗量大，不够经济，仅在洞库工程药包集中时应用

使用导爆索起爆法时应注意以下事项：

（1）导爆索不得有折伤、受潮、包皮破裂、过粗或过细等缺陷，以免产生爆发不良，影响爆破效果。

（2）导爆索联结时的搭接应严格按出厂说明书的规定进行，如无说明，搭接连接长度不得少于15cm，一般采用20~30cm，并用细麻绳或其他绳索绑扎牢实。支线与主线的联结方向，必须顺着主线的爆破方向，两个方面夹角不得小于90°，在药包内（或起爆体内），导爆索的一端应卷绕成起爆束，以增加起爆能力。

（3）在同一个爆破网路上，应使用同厂、同牌号的传爆线，传爆线网路敷设后，应避免太阳久晒，外界温度高于30℃时，需用纸或土遮盖。导爆索在接触铵油炸药的部位，必须用防油材料保护，以防药芯浸油。

（4）起爆导爆索网路应使用两个雷管。在一个网路上如有两组导爆索时，应同时起爆。

（5）导爆索网路应避免交叉敷设，如必须交叉敷设时，应用厚度不小于15cm的衬垫物隔开。导爆索平行敷设的间距不得小于20cm。

4. 导爆管起爆法

导爆管起爆是利用导爆管传爆起爆药的能量，引爆雷管，然后使药包爆炸。主要器材有导爆管、普通雷管和起爆器。

（1）导爆管网敷设与起爆。导爆管网的敷设与电力起爆基本相同，可采用串联、并联、簇联等方式，大型爆破应采用复式网路。

起爆导爆管有两种方法：一是用机械式的起爆枪，直接激发导爆管（一般激发一根导爆管），或用简易击发器引爆，击发剂用安全火柴头（每次用量2~3粒）；另一种是采用普通雷管绑扎在成束导管上（或采用塑料多通道连接插头），雷管起爆激发导爆管同时传爆。导爆管引爆炸药时，也是依靠普通雷管，即导爆管与起爆药包的雷管连接起来，并依靠连接插头（由内径3.1±0.05mm透明塑料制成二通、三通、四通、五通、六通等种）使之成为导爆管单元，导爆管连接形式与导爆索大体相近，不过导爆管系统连接一段采用多通道连接插头（连接块）。

（2）注意事项。

1）导爆管传爆是依靠空气冲击波传递能量，因此，不得使用表面有损伤（如孔洞、裂口等）或管内夹有杂物的导爆管，以免减弱或中断传爆。

2）敷设导爆管网，不得将导爆管拉细、对折或打结，以免堵塞软管中心空气通道，造成拒爆。

3）采用导爆管网路进行外孔微差爆破时，其延长时间应保证前一段网路爆炸时，不致破坏相邻或后面各段网路。

4）用雷管激发（或传爆）导爆管网路时，导爆管应绑扎在雷管的周围，并用3~5层聚丙烯包扎带或棉胶带绑扎牢实，导爆管端头距雷管不得小于10cm；在复式网路中，雷管与相邻网路之间应相距一定距离，以防破坏其他网路。

1.6.3 爆破方法

在土木工程施工中，常用的爆破方法主要有以下几种：

1. 表面爆破法

表面爆破法又称裸露药包爆破法，是指将药包直接放置于岩石的表面进行爆破。药包放在块石或孤石的中部凹槽或裂隙部位，体积大于1m³的块石，药包可分数处放置，或在块石上打浅孔或浅穴破碎。为提高爆破效果，表面药包底部可做成集中爆力穴；药包上护以草皮或湿泥土、砂子，其厚度应大于药包高度，或以粉状炸药敷30~40cm厚。以电雷管或导爆索起爆。

本方法不需钻孔设备，准备工作少，操作简单迅速。但炸药消耗量大，约为一般浅孔法爆破的3~5倍；且此法爆破效果不易控制，且岩片飞散较远，易造成事故。

本方法适于地面上大块石、大孤石的二次破碎及树根、水下岩石改建工程的爆破。

2. 浅孔爆破法

浅孔爆破又称炮眼法。一般孔深为0.5~5m，炮眼直径为28~50mm。孔眼可用风钻或人工打设。这种方法不需要复杂的钻孔设备，施工操作简便，炸药耗用量少，飞石距离近，岩石破碎较均匀，便于控制开挖面的形状和规格，且可在各种复杂地形下施工。但其爆破量小，效率低，钻孔工作量大。

炮眼布置应尽量利用临空面较多的地形；炮眼的方向应尽量与临空面平行。为了提高爆破效果，常进行台阶式爆破。

3. 药壶爆破法

药壶爆破法（又称葫芦炮），是在主药包未装入炮孔前，先用少量炸药将炮孔底部扩大成药壶形，然后埋设炸药进行爆破。其优点是：减少钻孔工作量，多装炸药，同时把延长药包变为集中药包，大大提高爆破效果，工效高，进度快。但扩大药壶费时间，操作复杂，破碎块度不够均匀。

（1）适用范围。适用于软质岩和中等硬度岩层，高度不大于10m的梯段中。再如在浅孔炮孔爆破中，遇最小抵抗线较长，按计算炸药需用量多，而炮孔容纳不下时，为提高爆破效果，宜用扩底药壶的办法，使装药量能满足最小抵抗线的要求。但坚硬或节理发育的岩层不宜采用。

（2）注意事项。

1）药壶扩底使用药量，应视岩石软硬、节理发育情况等通过试验确定，以免药量过少，不能形成药壶；或药量过多将炮孔炸塌；

2）药壶扩底时，一般可以不加堵塞或略加堵塞。药壶爆破法堵塞长度通常为炮孔深度的0.5~0.9倍；

3）每次炸扩壶底后，须间隔15min或待壶内温度低于50℃时，才能进行第二次装药；

4）每次药壶扩底后，应将壶内残留石渣清除干净（可用吹风管清渣）。壶内装药量不宜超出壶口，但为使岩石破碎均匀，炮孔内可适量装药；

5）药壶爆破法一般宜用电力引爆，并应敷设两套爆破线路，如用火花起爆，当药壶深度在3~6m时，起爆筒内要有两个火线雷管，以防其中一个拒爆，并且要同时引爆。

4. 拆除爆破法

拆除爆破也叫"定向爆破"，是通过一定的技术措施，严格控制爆炸能量和爆炸规模，使爆破的声响、振动、破坏区域以及破碎物的散坍范围，控制在规定的限度之内。

在城市和工厂往往需要拆除一些旧的建筑物或构筑物，如：楼宇、厂房、烟囱、水塔以及各种基础等，常采用拆除爆破。拆除爆破考虑的因素很多，包括爆破体的几何形状和材质，使用的炸药、药量、炮眼布置及装药方式，覆盖物和防护措施及周围环境等，其中最主要的是炸药及装药量。

思考题

1. 土的工程分类如何？有何工程性质？
2. 土方工程施工特点有哪些？
3. 场地平整土方量如何计算？
4. 何谓土方调配？土方调配应遵循哪些原则？
5. 基坑降水的方法和原理是什么？
6. 坑槽开挖应注意哪些事项？基底验槽包括哪些内容？
7. 常用土方施工机械有哪些？其工作特点和适用范围是什么？
8. 影响填土压实的主要因素有哪些？如何进行检查？
9. 爆破工程中起爆方法有哪些？
10. 土方工程施工中常用的爆破方法有哪些？

第 2 章 基础工程

知识要点：基础工程通常包括浅基础工程和桩基础工程，不同的基础工程，其施工工艺和施工方法不同，工程质量、施工安全要求也不同。

2.1 浅基础工程

2.1.1 常见浅基础的类型

浅基础是指基础埋置深度小于基础的宽度，或小于5m深时的基础工程。按照受力状态不同，可分为刚性基础和柔性基础两类。

1. 刚性基础

刚性基础是指用抗压极限强度比较大，而受弯、受拉极限强度较小材料所建造的基础，如图2-1（a）所示，刚性基础一般用混凝土、毛石混凝土、毛石（或石块）、砖、碎砖（或碎石）三合土、灰土等建成，主要承受压力，不配置受力钢筋，但基础的宽高比 B/H 或刚性角 α 有一定限制，即基础的挑出部分（从砖墙边缘至基础边缘）不宜过大。

2. 柔性基础

柔性基础用钢筋混凝土建成，需配置受力钢筋，其抗压、抗弯、抗拉强度都很大，如图2-1（b）所示。基础宽度可不受宽高比的限制，主要用于建筑物上部结构荷载较大、地基较软的情况。

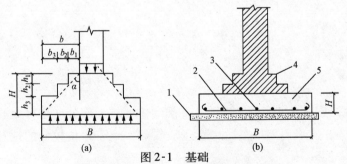

图 2-1 基础

（a）刚性基础；（b）柔性（钢筋混凝土）基础

1—垫层；2—受力钢筋；3—分布钢筋；4—基础砌体的扩大部分；5—底板

α—刚性角；B—基础宽度；H—基础高度

2.1.2 浅基础施工

1. 刚性基础

（1）毛石基础施工。毛石基础是用爆破法开采得来的不规则石块与砂浆砌筑而成的，如图 2-2 所示。一般在山区建筑物中用得较多。用于砌筑基础的毛石强度应满足设计要求。块体大小一般以宽和高为 20～30cm，长为 30～40cm 较为合适。砌筑用的砂浆常用水泥砂浆、混合砂浆，但其强度等级不宜低于 M5。

施工时，放出基础轴线、边线，在适当位置立上皮数杆，如图 2-3 所示，拉上准线。

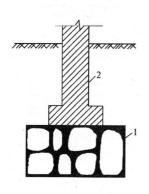

图 2-2　毛石基础

1—毛石基础；2—基础墙

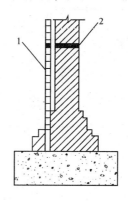

图 2-3　基础皮数杆（小皮数杆）

1—皮数杆（小皮数杆）；2—防潮层

毛石应根据皮数杆上准线分层砌筑（一般两层 30cm 左右）。先砌转角处的角石，角石砌好后即将准线移到角石上，再砌里外两面的面石，面石要表面方正，并使方正面外露。最后砌中间部分的腹石，腹石要按石块形状交错放置，使石块间的缝隙最小。

砌筑时，第一层应选较大的且较平整的石块铺平，并使平整的面着地。砌第二层以上时，每砌一块石，应先铺好砂浆，再铺石块。上下两层石块的竖缝要互相错开，并力求丁顺交错排列，避免通缝，毛石基础的临时间断处，应留阶梯形斜槎，其高度不应超过 1.2m。基础砌好以后，毛石外露部分，应进行抹灰或勾缝。

毛石基础施工的质量要求如下：

1）砌体砂浆应密实饱满，组砌方法应正确，不得有通缝。墙面每 0.7m² 内，应砌入丁字石一块，水平距离不应大于 2m。

2）砂浆平均强度不低于设计要求的强度等级，任意一组试块的最低值不得低于设计强度等级的 75%。

3）砌体的允许偏差在规范规定范围内。

（2）砖基础施工。砖基础是由垫层、基础砌体的扩大部分（俗称大放脚）和基础墙三部分组成，如图 2-4 所示。一般适用于土质较好、地下水位较低的地基。基础墙下砌成台阶形，其扩大部分有二皮一收的等高式，如图 2-4（a）所示和一皮一收与两皮一收相间隔式，如图 2-4（b）所示两种方法。间隔式砌法用料较省，每次收进时，两边各收 1/4 砖长（约 6cm）。

施工时，先在垫层上弹出墙基轴线和基础砌体的扩大部分边线，在转角处、丁字墙基交接处、十字墙基交接处及高低踏步处立基础皮数杆。皮数杆应立在规定的标高处，为此，立皮数杆时要利用水准仪进行抄平。砌筑前，应先用干砖试摆，以确定排砖方法和错缝的位置。砖砌体的水平灰缝厚度和竖向灰缝宽度一般控制在 8～12mm。砌筑时，砖基础的砌筑高度是用皮数杆来控制的，砌大放脚时，先砌好转角端头，以两端为标准拉好线绳进行砌筑。砌筑不同深度的基础时，应先砌深处，后砌浅处，在基础高低处要砌成踏步式，踏步长度不小于1m，高度不大于0.5m。基础中若有洞口、管道等，砌筑应及时正确按设计要求留出和预埋。砖基础施工的质量要求如下：

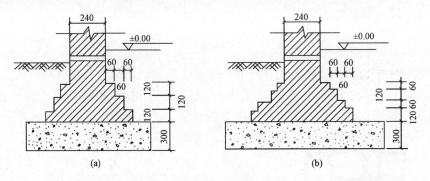

图2-4 砖基础

（a）等高式；（b）间隔式

1）砌筑砂浆必须密实饱满，水平灰缝的砂浆饱满度不得低于80%。

2）砂浆试块的平均强度不得低于设计的强度等级，任意一组试块的最低值不得低于设计强度等级75%。

3）组砌方法应正确，不应有通缝，转角处和交接处的斜槎和直槎应通顺密实。直槎应按规定加拉结钢筋。

4）预埋件、预留洞应按设计要求留置。

5）砖基础的允许偏差应在规范规定范围内。

（3）混凝土与毛石混凝土基础施工。混凝土与毛石混凝土基础，如图2-5所示。适用于层数较高（3层以上）的房屋建筑工程，特别是地基潮湿或地下水位较高的情况下。基槽经过检验，弹出基础的轴线和边线即可进行基础施工。基础混凝土应分层浇筑，使用插入式振捣器捣实。对于阶梯形基础，每一阶梯内应分层浇筑捣实。对于锥体形基础，其斜面部分的模板要逐步地随浇随安装，并应注意边角处混凝土的捣实。独立基础一

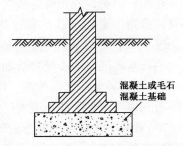

图2-5 混凝土与毛石混凝土基础

般应连续浇捣完毕，不能分数次浇捣。如基础上有插筋时，在浇捣过程中要保持插筋位置固定，不得使其浇捣混凝土时发生位移。

为了节约水泥，在浇筑混凝土时可投入30%左右的毛石（30%为毛石与混凝土的体积比），这种基础称为毛石混凝土基础。投石时，注意毛石周围应包有足够的混凝土，以保证毛石混凝土的强度。混凝土浇捣完毕，水泥终凝后，混凝土外露部分要加以覆盖，浇水养护。

2. 钢筋混凝土基础施工

钢筋混凝土基础主要包括支模、扎筋、浇筑混凝土、养护、拆模等工序。

（1）钢筋混凝土条形基础。钢筋混凝土条形基础一般用于混合结构民用房屋的承重墙下，是由素混凝土垫层、钢筋混凝土底板、大放脚组成，如图2-6所示。如土质较好

且又较干燥时，也可不用垫层而将钢筋混凝土底板直接做在夯实的土层上。

钢筋混凝土条形基础的主筋（受力钢筋）沿墙体横向放置在基础底面，直径一般为 $\phi8 \sim \phi16$，分布筋沿纵向布置。混凝土保护层可采 3.5cm（有垫层时）或 7cm（无垫层时）。

垫层干硬以后即可进行弹线、绑扎钢筋等工作。钢筋绑扎好后，要用水泥块垫起（水泥块的厚度即为混凝土保护层厚度）。安装模板时，应先核对纵横轴线和标高，模板支撑要求严密牢固。浇筑混凝土前，模板和钢筋上的垃圾、泥土以及油污等物，应清除干净，模板要浇水润湿。混凝土应分层捣实，每层厚度不得超过 30cm。基础上有插筋时，应保证插筋的位置正确。混凝土浇筑完毕，终凝后，表面应加以覆盖和浇水养护，浇水次数视气温情况，只要使混凝土具有足够的湿润状态。混凝土养护时间，普通水泥和矿渣水泥不得少于 7 昼夜。

（2）杯形基础。杯形基础主要用于装配式钢筋混凝土柱基础，如图 2-7 所示。一般形式为杯口基础，钢筋混凝土柱与杯口接头采用细石混凝土灌缝。

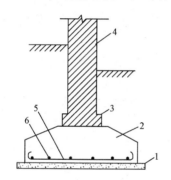

图 2-6 钢筋混凝土条形基础
1—素混凝土垫层；2—钢筋混凝土底板；
3—砖砌大放脚；4—基础墙；5—受力筋；6—分布筋

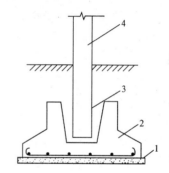

图 2-7 杯形基础
1—垫层；2—杯形基础；3—杯口；
4—钢筋混凝土柱

钢筋混凝土杯形基础施工中应注意以下几点：

1）混凝土一般应按台阶高度分层浇筑，并用插入式振动器振实。

2）浇捣杯口混凝土时，应特别注意杯口模板尺寸和位置的准确性，以利于柱子的安装。

3）杯形基础在浇筑时，应注意将杯底混凝土面比设计标高降低 5cm 左右，以使柱子制作长度有误差时便于调整。

4）在基础拆除模板或基坑回填土后，应根据轴线控制桩在杯口上表面弹出柱子中心线位置，以作为柱子安装时固定及校正位置的依据。在杯口内侧弹一标高控制线（杯口水平线、高程线），用作控制杯口底部抄平的标高。

（3）筏形基础施工。筏形基础由底板、梁等整体组成。当上部结构荷载较大、地基承载力较低时，可以采用筏形基础。筏形基础在外形和构造上像倒置的钢筋混凝土楼盖，分为梁板式和平板式两类，如图 2-8 所示。前者用于荷载较大的情况，后者一般在荷载不大、柱网较均匀且间距较小的情况下采用。由于筏形基础的整体刚度较大，能有效地将各柱子的沉降调整得较为均匀，在多层和高层建筑中被广泛采用。

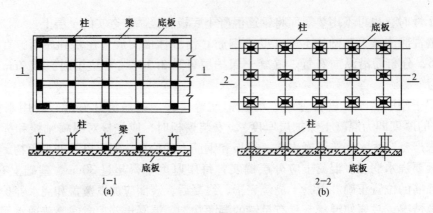

图 2-8 筏形基础
(a) 梁板式；(b) 平板式

筏形基础的施工操作程序如下：

1）基坑开挖时，若地下水位较高，应采取人工降低地下水位法，使基坑低于基底不少于 500mm，保证基坑在无水情况下进行开挖施工。

2）筏形基础混凝土浇筑前，应清理基坑、支设模板、铺设钢筋。木模板要浇水湿润，钢模板面要涂刷隔离剂。

3）混凝土浇筑方向应平行于次梁长度方向，对于平板式筏形基础则应平行于基础长边方向。

4）混凝土应一次浇灌完成，若不能整体浇灌完成，则应留设垂直施工缝，并用木板挡住。施工缝留设位置：当平行于次梁长度方向浇筑时，应留在次梁中部 1/3 跨度范围内；对平板式可留设在任何位置，但施工缝应平行于底板短边且不应在柱脚范围内。在施工缝处继续浇灌混凝土时，应将施工缝表面清扫干净，清除水泥薄层和松动石子等，并浇水湿润，铺上一层水泥浆或与混凝土成分相同的水泥砂浆，再继续浇筑混凝土。

对于梁板式筏形基础，梁高出底板部分应分层浇筑，每层浇灌厚度不宜超过 200mm。当底板上或梁上有立柱时，混凝土应浇筑到柱脚顶面，留设水平施工缝，并预埋连接立柱的插筋。水平施工缝处理与垂直施工缝相同。

5）混凝土浇灌完毕，在基础表面应覆盖草帘和洒水养护，并不少于 7 天。待混凝土强度达到设计强度的 25% 以上时，即可拆除梁的侧模。

6）当混凝土基础达到设计强度的 30% 时，应进行基坑回填。

（4）箱形基础施工。箱形基础主要是由钢筋混凝土底板、顶板、侧墙及一定数量纵横墙构成的封闭箱体，如图 2-9 所示。箱形基础是多层和高层建筑物中广泛采用的一种基础形式，以承受上部结构荷载，并将其传递给地基。箱形基础中部可在内隔墙开门洞作地下室。这种基础整体性和刚度都好，调整不均匀沉降的能力及抗震能力较强，可消除因地基变形使建筑物开裂的可能性。它适用于软土地基，在非软土地基出于人防、抗震考虑和设置地下室时，也常采用箱形基础。

箱形基础工程施工应在认真研究施工场地、工程地质和水文地质资料的基础上进行施工组织设计。施工操作必须遵照有关规范执行：

1）箱形基础基坑开挖。基坑开挖应验算边坡稳定性，并注意对基坑邻近建筑物的影响。验算时，应考虑坡顶堆载、地表积水和邻近建筑物影响等不利因素，必要时要求采取支护措施。支护结构常用钢板桩或槽钢打入土中一定深度或设置围檩，由立柱、挡板构成一个体系替代钢板桩和槽钢的支护。也可以采用地下连续墙、深层搅拌桩或钻孔桩组成排桩式的挡墙作为支护，常用在埋置相对浅一些的箱形基础基坑中。

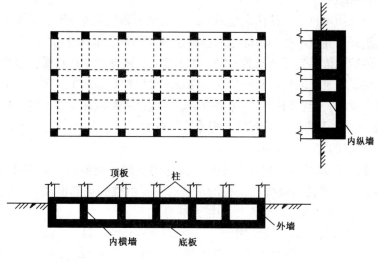

图 2-9　箱形基础

2）基坑开挖如有地下水，应采用明沟排水或井点降水等方法，保持作业现场的干燥。

3）箱形基础的基底是直接承受全部建筑物的荷载，必须是土质良好的持力层。因此，要保护好地基土的原状结构，尽可能不要扰动。在采用机械挖土时，应根据土的软硬程度，在基坑底面设计标高以上，保留 200～400mm 厚的土层，采用人工挖除。基坑不得长期暴露，更不得积水。在基坑验槽后，应立即进行基础施工。

4）箱形基础的底板、顶板及内外墙的支模和浇筑，可采用内外墙和顶板分次支模浇筑方法施工。外墙接缝应设榫接或设止水带。

5）箱形基础的底板、顶板及内外墙宜连续浇灌完毕。对于大型箱形基础工程，应防止产生温度收缩裂缝。后浇带应设置在柱距三等分的中间范围内，宜四周兜底贯通顶板、底板及墙板。后浇带的施工须待顶板浇捣后至少两周以上，使用比原来设计强度等级提高一级的混凝土。在混凝土继续浇筑前，应将施工缝及后浇带的混凝土表面凿毛，清除杂物，表面冲洗干净，注意接缝质量，浇筑混凝土，并加强养护。

6）箱形基础底板的厚度一般都超过 1.0m，其整个箱形基础的混凝土体积常达数千立方米。因此，箱形基础的混凝土浇筑属于大体积钢筋混凝土的浇灌问题。

7）箱形基础施工完毕，应抓紧做好基坑回填工作，尽量缩短基坑暴露时间。回填前要做好排水工作，使基坑内始终保持干燥状态，并分层夯实。

2.2　桩基础工程

2.2.1　桩的分类

当天然地基土质不良，无法满足建筑物对地基变形和强度要求时，可采用桩基础。它是由若干根单桩组成，并在单桩的顶部用承台联结成一整体，如图 2-10 所示。桩的作用是将上部建筑结构的荷载传递到深处承载力较大的土层上，或使软土层挤实，以提高土壤的承载力和密实度，保证建筑物的稳定和减少其沉降量。采用桩基础施工，可省去大量的土方，支撑和排水、降水设施，能获得较好的经济效益。因此，桩基础在工程中得到广泛应用。

桩基础是一种常用的深基础形式，根据不同的目的，桩基础可有以下几种分类：

1. 按荷载传递的方式不同分类

（1）端承桩。端承桩是穿过软弱土层，而达到坚硬土层的桩，如图 2-10（a）所示。外部荷载通过桩身直接传给坚硬层，桩的承载力主要由桩的端部提供，一般不考虑桩侧摩阻力的作用。如果桩的细长比很大，由于桩身的压缩，桩侧摩阻力也可能发挥部分作用。

（2）摩擦桩。摩擦桩是悬浮在软弱土层中的桩，如图 2-10（b）所示。外部荷载主要通过桩身侧表面与土层的摩阻力传递给周围的土层，桩尖部分承受的荷载很小，一般不超过 10%。

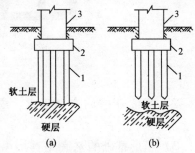

图 2-10　桩基础示意图
（a）端承桩；（b）摩擦桩
1—桩身；2—桩基承台；3—上部建筑物

端承桩与摩擦桩的区别：①受力不同。端承桩主要以桩尖阻力承担全部荷载，而摩擦桩主要靠桩身与土层的摩阻力承担全部荷载；②施工控制不同。端承桩施工时，以控制贯入度为主，桩尖进入持力层深度或桩尖标高可作参考。摩擦桩施工时，以控制桩尖设计标高为主，贯入度可作参考。所谓贯入度，指施工中一般采用最后三次每击 10 锤的平均入土深度作为标准，由设计单位通过试桩确定。

2. 按施工方法不同分类

（1）预制桩。预制桩是在工厂或施工现场制作的桩，包括钢筋混凝土桩、预应力混凝土桩、钢管或型钢桩等，用沉桩设备打入、压入或振入土中。

（2）灌注桩。灌注桩是在施工现场的桩位上用机械或人工成孔，然后在孔内灌注混凝土而成。根据成孔方法不同，分为钻孔、挖孔、沉管和爆扩等灌注桩。

2.2.2　预制桩施工

1. 桩的制作、起吊、运输和堆放

常用的钢筋混凝土预制桩有混凝土实心方桩和预应力混凝土空心管桩。直径一般为 250~550mm，单桩长度根据打桩机桩架高度，一般不超过 27m，超过时，需分段制作，打桩时逐段连接。较短的桩多在预制厂生产，较长的桩可在现场或现场附近制作，如图 2-11所示。

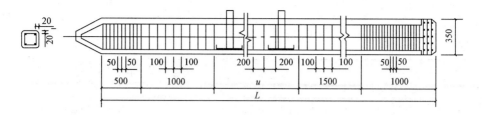

图 2-11　钢筋混凝土预制桩

预制桩的配筋应符合设计要求，混凝土的强度等级为 C30～C40。现场制作混凝土预制桩时，混凝土浇筑应由桩顶向桩尖连续浇注捣实，一次完成，制作完后，养护的时间不少于 7 天。

混凝土达到设计强度等级的 70% 后，方可起吊，达到设计强度等级的 100% 后方可进行运输。如提前吊运，必须将强度和抗裂验算合格。桩在起吊时，必须保证平稳，吊点位置和数目应符合设计规定。

打桩前，桩从制作地点运至现场以备打桩，并根据打桩顺序随打随运，以避免二次搬运。桩的运输方式在运距不大时，可用起重机吊运，当运距较大时，常用平板拖车，并且桩下要设置活动支座。经过搬运的桩，必须进行外观检查，如质量不符合要求，应视具体情况，与设计单位共同研究处理。

桩的堆放场地必须平整坚实，垫木间距应根据吊点确定，并应设在同一垂线上，最下层垫木应适当加宽，堆放层数不宜超过四层。不同规格的桩，应分别堆放。

2. 锤击沉桩（打入法）施工

锤击法是利用桩锤的冲击能量将桩沉入土中，锤击沉桩是钢筋混凝土预制桩最常用的沉桩方法。

（1）打桩设备及选择。打桩设备包括桩锤、桩架和动力装置。桩锤的作用是对桩施加冲击力，将桩沉入土中。桩架的作用是将桩吊到打桩位置，并在打入过程中引导桩的方向，保证桩锤能沿要求方向冲击。动力装置的作用是提供沉桩的动力，包括启动桩锤用的动力设施，如卷扬机、锅炉、空气压缩机等。

1）桩锤的选择。施工中常用的桩锤有：落锤、单动气锤、双动气锤、柴油锤和液压锤，其适用范围见表 2-1。桩锤的类型应根据施工现场情况、机具设备条件及工作方式和工作效率等条件选择。桩锤类型选定之后，还应确定桩锤的重量，一般选择锤重比桩稍重为宜。桩锤过重，所需动力设备大，不经济；桩锤过轻，桩锤产生的冲击能量大部分被桩吸收，桩不易打入，且桩头容易打坏。因此在打桩时，一般采用重锤低击和重锤快击的方法效果较好。

桩锤的适用范围　　　　　　　　　　　　　　　　　　表 2-1

桩锤种类	适用范围	优缺点	备注
落锤	1. 宜打各种桩； 2. 土、含砾石的土和一般土层均可	构造简单，使用方便，冲击力大，能随意调整落距，但锤击速度慢，效率较低	落锤是指用人力或机械拉升，然后自由下落，利用自重夯击桩顶

桩锤种类	适用范围	优 缺 点	备 注
单动汽锤	宜打各种桩	构造简单，落距短，对设备和桩头不宜损坏，打桩速度及冲击力较落锤大，效率较高	利用蒸汽或压缩空气的压力将锤头上举，然后由锤头的自重向下冲击沉桩
双动汽锤	1. 宜打各种桩，便于打斜桩； 2. 用压缩空气时，可在水下打桩； 3. 可用于拔桩	冲击次数多，冲击力大，工作效率高，可不用桩架打桩，但设备笨重，移动较困难	利用蒸汽锤或压缩空气的压力将锤头上举或下冲，增加夯击能量
柴油桩锤	1. 宜打木桩、钢筋混凝土桩、钢板桩； 2. 适于在过硬或过软的土层中打桩	附有桩架、动力等设备，机架轻、移动便利，打桩快，燃料消耗少，有重量轻和不需要外部能源。但在软弱土层中，起锤困难，噪声和振动大，存在油烟污染公害	利用燃油爆炸，推动活塞，引起锤头跳动
振动桩锤	1. 宜打钢板桩、钢管桩、钢筋混凝土桩和木桩； 2. 宜用于砂土、塑性黏土及松软砂黏土； 3. 在软石夹砂及紧密黏土中效果较差	沉桩速度快，适应性大，施工操作简易安全，能打各种桩并帮助卷扬机拔桩	利用偏心轮引起激振，通过刚性连接的桩帽传到桩顶
液压桩锤	1. 宜打各种直桩和斜桩； 2. 适用于拔桩和水下打桩	不需外部能源，工作可靠操作方便，可随时调节锤击力大小，效率高，不损坏桩头，低噪声，低振动，无废气公害。但构造复杂，造价高	一种新型打桩设备，冲击缸体由液压油提升和降落。并且在冲击缸体下部充满氮气，用以延长对桩施加压力的过程获得更大的贯入度

2）桩架的选择。桩架的选择应考虑桩锤类型、桩的长度和施工条件等因素。桩架高度一般按桩长＋桩锤高度＋滑轮组高＋起锤移位高度＋安全工作间隙等决定。

桩架的形式多种多样，常用的有步履式桩架及履带式桩架两种。

①步履式桩架，如图 2-12 所示，液压步履式打桩机以步履方式移动桩位和回转，不需枕木和钢轨，机动灵活，移动方便，打桩效率高。

②履带式桩架，如图 2-13 所示，它以履带式起重机为底盘，并增加由导杆和斜撑组成的导架，性能比多功能桩架灵活，移动方便，适用范围较广。

3）动力装置。动力装置的配置根据所选的桩锤性质决定，当选用蒸汽锤时，则需配备蒸汽锅炉和卷扬机。

（2）施工前准备工作。打桩前应熟悉有关图纸资料，制定桩基工程施工技术措施，做好施工准备工作。

1）清除影响施工的地上和地下的障碍物，平整施工场地，做好排水工作。

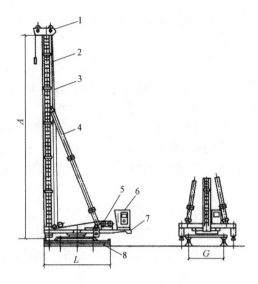

图 2-12　步履式桩架

1—顶部滑轮组；2—悬杆锤；3—锤和桩起

吊用钢丝线；4—斜撑；5—吊锤与桩用卷扬机；

6—司机室；7—配重；8—步履底盘

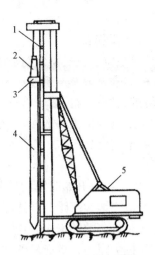

图 2-13　履带式桩架

1—导架；2—桩锤；3—桩帽；

4—桩身；5—车体

2）定位放线。根据基础施工图确定的桩基础轴线，并将桩的准确位置测设到地面上，桩位可用钉桩标出，桩基轴线偏差不得超过 70mm，桩位标志应妥善保护。

3）确定打桩顺序。由于预制桩打入土中后会对土体产生挤密作用，一方面能使土体密实，但同时在桩距较近时会使桩相互影响，或造成打桩下沉困难，或使先打的桩因受水平挤压而造成位移和变位，或被垂直挤拔造成浮桩，所以，群桩施工时，为保证打桩工程质量，应根据桩的密集程度、桩的规格、长短和桩架移动方向来确定选择打桩顺序。当桩距≤4d（桩径）时，桩较密集，可采取由中间向两侧对称施打，或由中间向四周施打，如图 2-14 所示。当桩距 > 4d 时，可根据施工的方便确定打桩的顺序。当桩规格、埋深、长度不同时，宜先大后小，先深后浅，先长后短施打，当一侧毗邻建筑物时，应由建筑物一侧向另一方向施打。当桩头高出地面时，桩宜采取后退打。

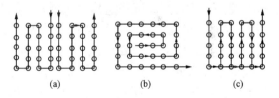

图 2-14　打桩的顺序

（a）自中间向两侧对称施打；（b）自中间向四周施打；

（c）由一侧向单一方向（逐排）进行

4）设置水准点。为了检查桩的入土深度，在打桩现场附近设水准点，其位置应不受打桩影响，数量不得少于两个，同时，桩在打入前应在桩身的侧面，画上标尺或在桩架上设置标尺，以便观测桩身入土深度。

5）试桩。试桩主要是了解桩的贯入深度、持力层强度、桩的承载力以及施工过程中可能遇到的各种问题和反常情况等。经过试桩，可以校核拟订的设计是否完善，并为确定打桩方案及打桩的技术要求，保证质量措施提供依据。试桩应按设计规定进行，一般试桩数量不少于 3 根，并做好施工详细记录。

3. 打入桩的施工工艺

（1）打入桩的施工程序。打入桩的施工程序包括：桩机就位、吊桩、打桩、送桩、接桩、拔桩、截桩等。

（2）施工操作要点：

1）桩机就位：桩机就位时应垂直平稳，导杆中心与打桩方向一致，并检查桩位是否正确。桩机的垂直偏差不超过0.5%，水平位置的偏差不超过100～150mm。

2）吊桩：桩机就位后，将桩运至桩架下，用桩架上的滑轮组将桩提升就位（吊桩）。吊桩时吊点的位置和数量与桩预制起吊时相同。当桩送至导杆内时，校正桩的垂直度，其偏差不超过0.5%，然后固定桩帽和桩锤，使桩帽和桩锤在同一铅垂线上，确保桩的垂直下沉。

3）打桩：打桩开始时锤的落距不宜过大，当桩入土一定深度稳定后，桩尖不易发生偏移时，可适当增大落距，并逐渐提高到规定的数值。打桩宜采取"重锤低击"。重锤低击时，桩锤对桩头的冲击小，回弹也小，桩头不易损坏，大部分的能量用于克服桩身与土的摩阻力和桩尖阻力，桩能较快地沉入土中。

4）送桩：当桩顶标高低于自然地面，则需用送桩管将桩送入土中，桩与送桩管的纵轴线应在同一直线上，拔出送桩管后，桩孔应及时回填或加盖。

5）接桩：当设计桩较长时，需分段施打，则需在现场进行接桩。常用的接桩方法有：焊接法、法兰接法和浆锚式法。

6）拔桩：在打桩过程中，打坏的桩须拔掉。拔桩的方法视桩的种类、大小和打入土中的深度来确定。一般较轻的桩或打入松软土壤中的桩，或深度在1.5～2.5m以内的桩，可以用一根圆木杠杆来拔出。较长的桩，可用钢丝绳绑牢，借助桩架或支架利用卷扬机拔出，也可用千斤顶或专门的拔桩机进行拔桩。

7）截桩：（桩头处理）为使桩身和承台连为整体，构成桩基础，因此，当打完桩后经过有关人员验收，即可开挖基坑（槽），按设计要求的桩顶标高，将桩头多余部分凿去（可用人工或风镐），但不得打裂桩身混凝土，并保证桩顶嵌入承台梁内的长度不小于5cm，当桩主要承受水平力时，不小于10cm，主筋上粘着的碎块混凝土要清除干净。

当桩顶标高低于设计标高时，应将桩顶周围的土挖成喇叭口，把桩头表面凿毛，剥出主筋并焊接接长，与承台主筋绑扎在一起，然后与承台一起浇筑混凝土。

4. 打桩的质量控制

打桩的质量检查包括桩的偏差、最后贯入度与沉桩标高，桩顶、桩身是否打坏，以及对周围环境是否造成严重危害。

打桩质量必须满足贯入度或标高的设计要求，垂直偏差不应大于桩长的1%，钢筋混凝土桩打入后在平面上与设计位置的允许偏差不超过100～150mm。

在打桩过程中发现桩头被打碎，最后贯入度过大，桩尖标高达不到设计要求，桩身被打断，桩位偏差过大，桩身倾斜等严重质量，都应会同设计单位研究，采取有效措施加以处理。

2.2.3 灌注桩施工

1. 钢筋混凝土灌注桩

钢筋混凝土灌注桩是直接在施工现场桩位上就地成孔，然后在孔内放入钢筋骨架浇注混凝土而成的桩。

灌注桩根据成孔的方法不同，可分为干作业成孔、泥浆护壁成孔、套管成孔、爆扩成孔等灌注桩。其适用范围见表2-2。

灌注桩的适用范围   表2-2

项次	项　目		适用范围
1	干作业成孔	螺旋钻	地下水位以上的黏性土、砂土及人工填土
		钻孔扩底	地下水位以上的坚硬、硬塑的黏性土及中密以上的砂土
		机动洛阳铲	地下水位以上的黏性土，稍密及松散的砂土
2	泥浆护壁成孔	冲抓 冲击 回转钻	碎石土、砂土、黏性土及风化岩
		潜水钻	黏性土、淤泥、淤泥质土及砂土
3	套管成孔	锤击振动	可塑、软塑、流塑的黏性土，稍密及松散的砂土
4	爆扩成孔		地下水位以上的黏性土、黄土、碎石土及风化岩石

（1）干作业成孔灌注桩。干作业成孔灌注桩是先用钻机在桩位处进行钻孔，然后将钢筋骨架放入桩孔内，再浇筑混凝土而成的桩，如图2-15所示。目前，常用螺旋钻孔机。螺旋钻孔机是利用动力旋转钻杆，向下切削土壤，削下的土便沿整个钻杆上升涌出孔外，成孔直径一般为300～600mm，钻孔深度8～20m。

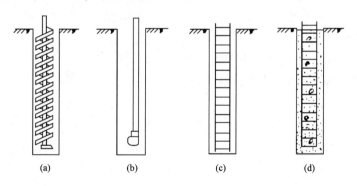

图2-15　干作业成孔灌注桩施工工艺流程
（a）钻孔；（b）空钻清土后掏土；（c）放入钢筋骨架；（d）浇筑混凝土

螺旋钻开始钻孔时，应保持钻杆垂直，位置正确，防止因钻杆晃动引起扩大孔径及增加孔底虚土。在钻孔过程中，要随时清理孔口积土。如发现钻杆跳动，机架晃动，钻不进去或钻头发出响声时，说明钻机有异常情况，应立即停车，研究处理。当遇到地下水、塌孔、缩孔等情况时，应会同有关单位研究处理。当钻孔钻到预定深度后，先在原处空钻清土，然后停钻提起钻杆。桩孔钻成并清孔后，吊放钢筋骨架，浇筑混凝土。混凝土浇筑时应随浇随振，每次高度不得大于1.5m。

（2）泥浆护壁成孔灌注桩。在地下水位较高的软土地区，采用干作业成孔灌注桩施工时，往往造成成孔施工的困难，如塌孔、缩颈等质量事故，因此，为保证成孔质量，需采用泥浆护壁措施，用泥浆保护孔壁，防止塌孔和排出土渣形成桩孔。泥浆护壁成孔灌注桩施工工艺流程，如图 2-16 所示。

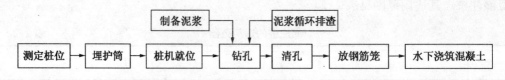

图 2-16　泥浆护壁成孔灌注桩施工工艺流程图

1）埋设护筒。护筒是由 4～8mm 的钢板制成，内径应比桩径大 100mm，上部留有 1～2 个溢浆口，高度约 1.5～2m。其作用是固定桩孔位置，保护孔口，增加桩孔内水压，以防塌孔及成孔时引导钻头方向。因护筒起定位作用，因此，埋设位置应准确稳定，护筒中心线与桩位中心线偏差不得大于 50mm。护筒埋设应牢固密实，护筒与坑壁之间用黏土填实，以防漏水。护筒的埋设深度一般不宜小于 1.0～1.5m。护筒顶面高于地面 0.4～0.6m，并应保持孔内泥浆面高于地下水位 1m 以上，防止塌孔。当灌注桩混凝土达到设计强度的 25% 以后，方可拆除护筒。

2）制备泥浆。为保证泥浆护壁成孔灌注桩的成孔质量，应在钻孔过程中，随时补充泥浆并调整泥浆的比重。其作用是：①泥浆在桩孔内吸附在孔壁上，将孔壁上空隙填塞密实，防止漏水，保持孔内的水压，可以稳固土壁，防止塌孔；②泥浆具有一定的黏度，通过泥浆的循环可将切削下的泥渣悬浮后排出，起携砂、排土的作用；③泥浆对钻头有冷却和润滑的作用，提高钻孔速度。

制备泥浆的方法可根据钻孔土质确定。在黏性土或粉质黏土中成孔时，可采用自配泥浆护壁，即在孔中注入清水，使清水和孔中钻头切削来的土混合而成。在砂土或其他土中钻孔时，应采用高塑性黏土或膨润土加水配制护壁泥浆。施工中应经常测定泥浆比重，见表 2-3，并定期测定浓度、含水率和胶体率等指标，对施工中废弃的泥浆、渣应按环境保护的有关规定处理。

不同土层中护壁泥浆比重　　　　　　表 2-3

名称	黏土或粉质	砂土或较厚夹砂层	砂夹软石或易塌孔土层
比重	1.1～1.2	1.1～1.3	1.3～1.5

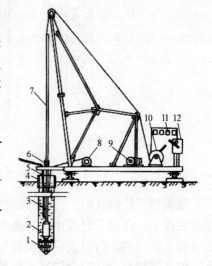

图 2-17　潜水钻机示意图
1—钻头；2—潜水钻机；3—电缆；
4—护筒；5—水管；6—滚轮支点；
7—钻杆；8—电缆盘；
9—卷扬机；10—控制箱；
11—电流电压表；12—启动开关

3）成孔。泥浆护壁成孔灌注桩成孔的方法有：潜水钻机成孔、回旋钻机成孔、冲击钻成孔、冲抓锥成孔等。

①潜水钻机成孔。潜水钻机的工作部分由封闭式防水电机、减速机和钻头组成，工作部分潜入水中，如图 2-17 所示。这种钻机体积小，重量轻、桩架轻便、移动灵活，钻进速度快（0.3～2m/min），噪声

小，钻孔直径600～1500mm，钻孔深度可达50m。适用于地下水位高的淤泥质土、黏性土、砂土等土层中成孔。

②回转钻机成孔。回转钻机是由动力装置带动钻机的回转装置转动，从而使钻杆带动钻头转动，由钻头切削土壤，这种钻机性能可靠，噪声和振动小，效率高、质量好。适用于松散土层，黏性土层，砂砾层，软硬岩层等各种地质条件。

③冲击钻成孔。冲击钻是把带钻刃的重钻头（又称冲抓）提高，靠自由下落的冲击力来削切土层或岩层，排出碎渣成孔。它适用于碎石土、砂土、黏性土及风化岩层等，桩径可达600～1500mm。

④冲抓锥成孔。冲抓锥成孔是将冲抓锥头提升到一定高度，锥斗内有压重铁块和活动抓片，下落时抓片张开，钻头自由下落冲入土中，然后开动卷扬机拉升钻头，此时抓片闭合抓土，将冲抓锥整体提升至地面卸土，依次循环成孔。如图2-18所示，适用于松散土层，如腐殖土、砂土、黏土等。

⑤成孔过程的排渣方法。

Ⅰ.抽渣筒排渣，如图2-19所示，构造简单，操作方便，抽渣时一般需将钻头取出孔外，放入抽渣筒，下部活门打开，泥渣进入筒内，上提抽渣筒，活门在筒内泥渣的重力作用下关闭，将泥渣排出孔外。

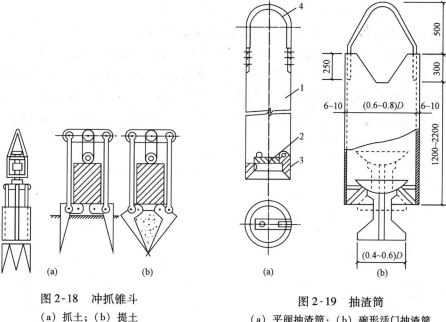

图2-18　冲抓锥斗
(a) 抓土；(b) 提土

图2-19　抽渣筒
(a) 平阀抽渣筒；(b) 碗形活门抽渣筒
1—筒体；2—平阀；3—切削管轴；4—提环

Ⅱ.泥浆循环排渣，可分为正循环排渣和反循环排渣法。正循环排渣法是泥浆由钻杆内部沿钻杆从端部喷出，携带钻下的土渣沿孔壁向上流动，由孔口将土渣带出流入沉淀池，经沉淀的泥浆流入泥浆池由泵注入钻杆，如此循环，沉淀的泥渣用泥浆车运出场外，如图2-20所示。反循环排渣法是泥浆由孔口流入孔内，同时砂石泵沿钻杆内部吸渣，使钻下的土渣由钻杆内腔吸出并排入沉淀池，沉淀后流入泥浆池。反循环工艺排渣效率高。

如图 2-21 所示。

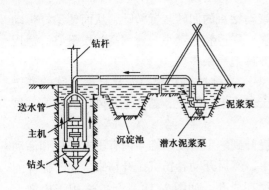

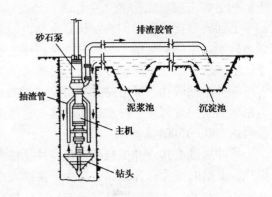

图 2-20　正循环排渣法　　　　　　　图 2-21　反循环排渣法

4）清孔。当钻孔达到设计要求深度后，应进行成孔质量的检查和清孔，清除孔底沉渣、淤泥，以减少桩基的沉降量，保证成桩的承载力。清孔可采用泥浆循环法或抽渣筒排渣法。如孔壁土质较好不易塌孔时，也可用空气吸泥机清孔。

当在黏土中成孔时，清孔后泥浆比重可控制在 1.1 左右，土质较差时应控制在 1.15 ~ 1.25。在清孔过程中，必须随时补充足够的泥浆，以保持浆面的稳定，一般应高于地下水位 1.0m 以上。清孔满足要求后，应立即安放钢筋笼，浇筑混凝土。

5）浇筑水下混凝土。泥浆护壁成孔灌注桩混凝土的浇筑是在泥浆中进行的，故为水下浇筑混凝土。常用的方法主要有：导管法和泵送混凝土，如图 2-22。

（3）套管成孔灌注桩。套管成孔灌注桩是利用锤击或振动的方法，将带有桩尖（桩靴）的桩管（钢管）沉入土中成孔。当桩管打到要求深度后，放入钢筋骨架，边浇筑混凝土，边拔出桩管而成桩，其施工工艺过程，如图 2-23 所示。套管成孔灌注桩使用的机具设备与预制桩施工设备基本相同。

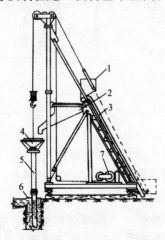

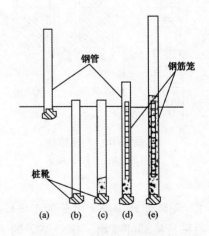

图 2-22　水下浇筑混凝土示意图　　　　　　　图 2-23　套管灌注桩过程
1—上料斗；2—送料斗；3—滑道；　　　　（a）就位；（b）沉套管；（c）初浇混凝土；
4—漏斗；5—导管；6—护筒；7—卷扬机　　（d）放钢筋笼、灌注混凝土；（e）拔管成桩

1）桩靴与桩管。桩靴可分为钢筋混凝土预制桩靴和活瓣式桩靴两种，如图 2-24 所示，其作用是阻止地下水及泥砂进入桩管，因此，要求桩靴应具有足够的强度，开启灵活，并与桩管贴合紧密。

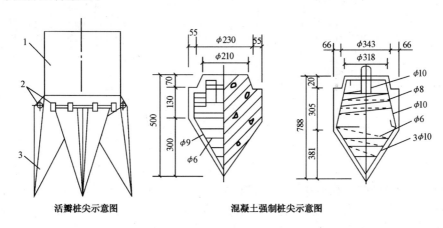

活瓣桩尖示意图　　　　混凝土强制桩尖示意图

图 2-24　桩尖示意图
1—桩管；2—锁轴；3—活瓣

桩管一般采用无缝钢管，直径为 270 ~ 600mm。其作用是形成桩孔，因此，要求桩管具有足够的刚度和强度。

2）成孔。常用的成孔机械有振动沉管机和锤击沉桩机，由于成孔不排土，而靠沉管时把土挤压密实，所以群桩基础或桩中心距小于 3 ~ 3.5 倍的桩径，应制定合理的施工顺序，以免影响相邻桩的质量。

3）混凝土浇筑与拔管。浇筑混凝土和拔起桩管是保证质量的重要环节。当桩管沉到设计标高后，停止振动或锤击，检查管内无泥浆或水进入后，即放入钢筋骨架，边灌注混凝土边进行拔管，拔管时必须边振（打）边拔，以确保混凝土振捣密实。拔管速度必须严格控制。当采用振动沉桩时，桩尖为预制的，拔管速度不宜大于 4m/min，如采用活瓣桩尖时，拔管速度不宜大于 2.5m/min；当采用锤击沉管时，拔管速度宜控制在 0.8 ~ 1.2m/min。

根据承载力的要求不同，拔管可分别采用单打法、复打法和反插法。

①单打法，即一次拔管法，拔管时每提升 0.5 ~ 1.0m，振动 5 ~ 10s 后，再拔管 0.5 ~ 1.0m，如此反复进行，直至全部拔管完毕为止。

②复打法是在同一桩孔内进行两次单打，或根据需要进行局部复打，如图 2-25 所示。复打桩施工程序为：在第一次沉管，浇筑混凝土，拔管完毕后，清除桩管外壁上的污泥，立即在原桩位上再次安设桩靴，进行第二次复打沉管，使第一次浇筑未凝固的混凝土向四周挤压以扩大桩径，然后再浇筑第二次混凝土，拔管方法与单打桩相同。施工时应注意：两次沉管轴线应重合，复打桩施工必须在第一次浇筑的混凝土初凝以前；完成第二次混凝土的浇筑和拔管工作；钢筋骨架应在第二次沉管后放入桩管内。

③反插法，即将桩管每提升 0.5 ~ 1.0m，再下沉 0.3 ~ 0.5m，在拔管过程中分段浇筑混凝土，使管内混凝土始终不低于地表面，或高于地下水位 1.0 ~ 1.5m 以上，如此反复

进行，直至拔管完毕。拔管速度不应超过 0.5m/min。

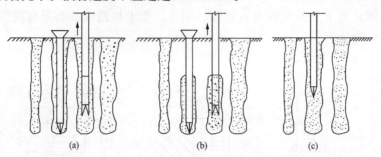

图 2-25 复打法示意图

(a) 全部复打桩；(b)、(c) 局部复打桩

套管成孔灌注桩的承载力比同等条件的钻孔灌注桩提高 50%～80%。单打桩截面比沉入的钢管扩大 30%，复打桩截面比沉入的钢管扩大 80%，反插桩截面比沉入的钢管扩大 50% 左右。因此，套管成孔灌注桩具有采用小钢管浇筑出大断面桩的效果。

(4) 爆扩成孔灌注桩。爆扩成孔灌注桩又称爆扩桩，它是用钻孔或爆扩法成孔，孔底放入炸药，再灌入适量的混凝土压爆，然后引爆，使孔底形成扩大头，此时，孔内混凝土落入孔底空腔内，再放置钢筋骨架，浇筑桩身混凝土而制成的灌注桩，如图 2-26 所示。

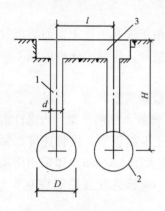

图 2-26 爆扩桩示意图
1—桩身；2—扩大头；3—桩台

爆扩桩在黏性土层中使用效果较好，但在软土及砂土中不易成型。桩长 (H) 一般为 3～6m，最大不超过 10m。扩大头直径 D 为 (2.5～3.5) d。这种桩具有成孔简单、节省劳力和成本低等优点。但不便检查质量，施工时要求较严格。

2. 人工挖孔灌注桩

人工挖孔灌注桩（以下简称人工挖孔桩）是指采用人工挖掘的方法进行成孔，然后安装钢筋笼，浇筑混凝土，成为支承上部结构的桩。

人工挖孔桩的优点是：设备简单；施工现场较干净；噪声小，振动小，对施工现场周围的原有建筑物影响小；施工速度快，可按施工进度要求决定同时开挖桩孔的数量，必要时，各桩孔可同时施工；土层情况明确，可直接观察到地质变化情况，桩底沉渣能清除干净，施工质量可靠。当高层建筑采用大直径的混凝土灌注桩时，人工挖孔比机械成孔具有更大的适应性。因此，近年来随着我国高层建筑的发展，人工挖孔桩得到较广泛的采用，特别在施工现场狭窄的市区修建高层建筑时，更显示其特殊的优越性，但人工挖孔桩施工，工人在井下作业，施工安全应予以特别重视，要严格按操作规程施工，制订可靠的安全措施。人工挖孔桩的直径除了能满足设计承载力的要求外，还应考虑施工操作的要求，故桩径不宜小于 800mm，桩底一般都扩大，扩底尺寸按 $\dfrac{D_1-D}{2}$: $h =$ 1:4，其中 $h \geqslant \dfrac{D_1-D}{4}$ 进行控制。当采用现浇混凝土护壁时，人工挖孔桩构造如图 2-27 所示。护壁厚度一般不小于$\dfrac{D}{10}+50\text{mm}$（其中 D 为桩径），每步高 1m，并有 100mm 放坡。

（1）施工机具。人工挖孔桩施工用机具设备比较简单，主要有：

1）电动葫芦和提土桶。用于施工人员上下和材料与弃土的垂直运输。

2）潜水泵。用于抽出桩孔中的积水。

3）鼓风机和输风管。用于向桩孔强制送入新鲜空气。

4）镐、锹、土筐等挖土工具。若遇到坚硬的泥土或岩石，还需准备风镐等。

5）照明灯、对讲机、电铃等。

（2）施工工艺。为了确保人工挖孔桩施工过程中的安全，必须考虑防止土体坍滑的支护措施。支护的方法很多，例如可采用现浇混凝土护壁，喷射混凝土护壁，型钢或木板桩工具式护壁、沉井等。下面以采用现浇混凝土分段护壁为例说明人工挖孔桩的施工工艺流程：

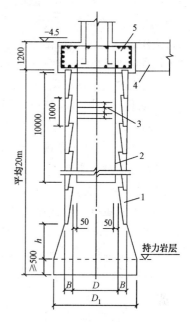

图 2-27　人工挖孔桩构造图
1—护壁；2—主筋；3—箍筋；
4—地梁；5—桩帽

1）按设计图纸放线、定桩位。

2）开挖土方。采取分段开挖，每段高度决定于土壁保持直立状态的能力，一般 0.5～1.0m 为一施工段，开挖范围为设计桩径加护壁的厚度。

3）支设护壁模板。模板高度取决于开挖土方施工段的高度，一般为 1m，由 4 块至 8 块活动钢模板（或木模板）组合而成。

4）在模板顶放置操作平台。平台可与角钢和钢板制成半圆形，两个合起来即为一个整圆，用来临时放置混凝土和浇筑混凝土用。

5）浇筑护壁混凝土。护壁混凝土要注意捣实，因它起着防止土壁塌陷与防水的双重作用。第一节护壁厚宜增加 100～150mm，上下节护壁用钢筋拉结。

6）拆除模板继续下一段的施工。当护壁混凝土强度达到 1MPa，常温下约 24h 后方可拆除模板、开挖下一段的土方，再支模浇筑护壁混凝土，如此循环，直至挖到设计要求的深度。

7）排除孔底积水，浇筑桩身混凝土。当混凝土浇筑至钢筋笼的底面设计标高时，再安放钢筋笼，继续浇筑桩身混凝土。浇筑混凝土时，混凝土必须通过溜槽；当高度超过 3m 时，应用串筒，串筒末端离孔底高度不宜大于 2m，混凝土宜采用插入式振动器捣实。

（3）挖孔桩施工中应注意的问题。

1）桩孔的质量要求必须保证。根据挖孔桩的受力特性，桩孔中心线的平面位置偏差要求不宜超过 50mm，桩的垂直度偏差要求不超过 0.5%，桩径不得小于设计直径。为了保证桩孔的平面位置和垂直度符合要求，在每开挖一施工段，安装护壁模板时，可将一十字架放在孔口上方预先标定好的轴线标记位置处，在十字架交叉中点悬吊垂球以对中，使每一段护壁符合轴线要求，以保证桩身的垂直度。桩孔的挖掘应由设计人员根据现场土层实际情况决定，不能按设计图纸提供的桩长参考数据来终止挖掘。对重要工程挖到比较完整的持力层后，再用小型钻机向下钻一深度不小于桩底直径三倍的深孔取样鉴别，确认无软弱下卧层及洞隙后才能终止。

2）注意防止土壁坍落及流砂事故。在开挖过程中，如遇到有特别松散的土层或流砂层时，为防止土壁坍落及流砂，可采用钢护筒或预制混凝土沉井等作为护壁，高度超过地面标高 300～500mm，待穿过松软层或流砂层后，再按一般方法边挖掘边浇筑混凝土护壁，继续开挖桩孔。流砂现象严重时可采用井点降水。

3）浇筑桩身混凝土时，应注意清孔及防止积水。桩身混凝土宜一次连续浇筑完毕，不留施工缝。浇筑前，应认真清除干净孔底的浮土、石碴。

4）必须制定好安全措施。人工挖孔桩施工，工人在孔下作业，施工安全应予以特别重视，要严格按操作规程施工，制定可靠的安全措施。例如：施工人员进入孔内必须戴安全帽；孔内有人时，孔上必须有人监督防护；护壁要高出地面 150～200mm，孔周围要设置 0.8m 高的安全防护栏杆；孔下照明要用安全电压；开挖深度超过 10m 时，应设置鼓风机，排除有害气体等。

3. 灌注桩施工质量要求

灌注桩的成桩质量检查包括成孔及清孔、钢筋笼制作、混凝土搅拌及灌注三个工序过程的质量检查。成孔及清孔时主要检查已成孔的中心位置、孔深、孔径、垂直度、孔底沉渣厚度；钢筋笼制作安放时主要检查钢筋规格、焊条规格、品种、焊口规格、焊缝长度、焊缝外观和质量、主筋和箍筋的制作偏差及钢筋笼安放的实际位置等；混凝土搅拌和灌注时主要检查原材料质量与计量、混凝土配合比、坍落度等。对于沉管灌注桩还要检查打入深度、桩锤标准、桩位及垂直度等。

桩基验收应包括下列资料：

（1）工程地质勘察报告、桩基施工图、图纸会审纪要、设计变更及材料代用通知单等；

（2）经审定的施工组织设计、施工方案及执行中的变更情况；

（3）桩位测量放线图，包括工程桩位线复核签证单；

（4）成桩质量检查报告；

（5）单桩承载力检测报告；

（6）基坑挖至设计标高的桩基竣工平面图及桩顶标高图。

灌注桩施工的允许偏差应符合表 2-4 规定。

4. 桩基工程的安全技术

（1）机具进场要注意危桥、陡坡、陷地和防止碰撞电杆、房屋等，以免造成事故。

（2）在打桩过程中遇有地坪隆起或陷下时，应随时对机架及路轨调整垫平。

（3）机械司机，在施工操作时要思想集中，服从指挥信号，不得随便离开工作岗位，并经常注意机械运转情况，发现异常及时纠正。

（4）在打桩时桩头垫料严禁用手拨正，不要在桩锤未打到桩顶即起锤或过早刹车，以免损坏桩机设备。

（5）成孔钻机操作时，注意钻机安全平稳，以防止钻架突然倾倒或钻具突然下落而发生事故。

灌注桩施工允许偏差值　　　　　　　　　　　　表 2-4

序号	成孔方法		桩径偏差（mm）	垂直度允许偏差（%）	桩位允许偏差（mm）	
					单桩、条形桩基沿垂直轴线方向和群桩基础中的边桩	条形桩基沿轴线方向和群桩基础中间桩
1	泥浆护壁冲（钻）孔桩	$d \leq 1000$mm	$-0.1d$ 且 ≤ -50	1	$d/6$ 且不大于 100	$d/6$ 且不小于 150
		$d \geq 1000$mm	-50		$100 + 0.01H$	$150 + 0.01H$
2	锤击（振动）沉管、振动冲击沉管成孔	$d \leq 500$mm	-20	1	70	150
		$d \geq 500$mm			100	150
3	螺旋钻、机动洛阳铲钻孔扩底		-20	1	70	150
4	人工挖孔桩	现浇混凝土护壁	± 50	0.5	50	
		长钢套管护壁	± 20	1	100	

注：1. 桩径允许偏差的负值是指个别断面。
　　2. 采用复打、反插法施工的桩径允许偏差不受本表限制。

思考题

1. 按受力状态不同，浅基础有哪几种类型？
2. 砖基础施工的主要工序有哪些？
3. 钢筋混凝土基础的种类、适用范围和主要施工工序有哪些？
4. 桩基础有哪些？
5. 预制桩的沉桩方法有哪些？
6. 打入桩的施工工序是什么？
7. 混凝土灌注桩有哪几种成孔方法？
8. 泥浆护壁成孔的排渣方法和主要施工过程是什么？
9. 复打法的施工过程、施工注意事项是什么？
10. 人工挖孔灌注桩有何优点？

第3章 砌体工程

知识要点：块材和砂浆是砌体工程的主要材料；砌体工程主要包括砖砌体、石砌体、砌块砌体工程；脚手架及垂直运输设施是砌体工程施工的常用设施；冬期施工也是砌体工程经常遇到的问题。

3.1 砌体材料

3.1.1 块材

砌体工程中的块材主要包括砌石、砌砖和砌块。

1. 砌石

砌石是指形状不规则的毛石，包括乱毛石和平毛石（其有两个面大致平行），主要用于基础和挡土墙等砌筑。砌筑的毛石要求质地坚硬，无裂缝和风化剥落。毛石强度等级一般为MU200，每块尺寸一般在200～400mm左右，其中部厚度要求不小于150mm，重量约20～30kg。填心小石块尺寸在70～150mm左右，数量约占毛石总重的20%。

2. 砌砖与砌块

按墙体材料不同，砌体工程常用的有实心砖和砌块。实心砖规格小，砌筑量较大。近年来，为减少对农田的占用，减轻墙体自重，同时提高房屋保温隔热性能，常利用一些工业废料生产各种砌块代替普通黏土砖。

按所用材料不同，砌块可分为普通混凝土空心砌块、煤矸石混凝土空心砌块、陶粒混凝土空心砌块、炉渣混凝土空心砌块、加气混凝土空心砌块、粉煤灰硅酸盐砌块等，按照规格尺寸的不同可分为小型和中型砌块。中型砌块单块自重可达40kg以上，砌筑时往往需要轻型起重机吊装就位，施工不便，因此，目前常用且发展很快的是小型砌块，特别是小型空心砌块。小型砌块单块重量宜控制在15kg以内，便于施工。

3.1.2 砂浆

1. 砂浆种类

砌筑用砂浆一般采用水泥砂浆和混合砂浆。水泥砂浆的塑性和保水性较差，但能够在潮湿环境中硬化，一般用于含水量较大的地基土中的地下砌体，混合砂浆则常用于地上砌体。使用时，砂浆必须满足设计要求的种类和强度等级，稠度见表3-1，其分层度也不应大于3cm，以确保砂浆具有一定的保水性能。

2. 砂浆原材料

砂浆的主要原材料是水泥、砂、水和塑化剂，有机塑化剂使用时应有砌体强度的型式检验报告。

（1）水泥应保持干燥，如强度等级不明或出厂日期超过三个月（快硬硅酸盐水泥超过一个月）时，应经试验鉴定后按试验结果使用。水泥砂浆的最小水泥用量不宜少于200kg/m。

（2）砂宜采用中砂，并应过筛，不得含有草根等杂物，当拌合水泥砂浆或强度等级不小于M5的混合砂浆时，含泥量不应超过5%；当拌合强度等级小于M5的混合砂浆时，含泥量不应超过10%；人工砂、山砂、特细砂，应经试配，能满足砌筑砂浆技术条件要求时，方能使用。

砌筑砂浆稠度	表3-1
砌体种类	砂浆稠度（cm）
石砌体	3～5
烧结普通砖砌体	7～9
烧结多空砖、空心砖砌体	6～8
轻骨料混凝土小型空心砌块砌体	6～9
烧结普通砖平拱式过梁 空心墙、筒拱 普通混凝土小型空心砌块砌体 加气混凝土砌块砌体	5～7

（3）水宜采用饮用水。

（4）塑化剂包括石灰膏、黏土膏、电石膏、生石灰粉等无机掺合料和微沫剂等有机塑化剂，其作用是提高砂浆的可塑性和保水性。当采用块状生石灰熟化成石灰膏时，应用孔洞不大于3mm×3mm网过滤，并要求其充分熟化，熟化时间不少于7d；如采用磨细生石灰粉，熟化时间不少于2d。

3. 砂浆施工要求

（1）砂浆应机械搅拌，水泥砂浆和水泥混合砂浆的搅拌时间不得少于2min；水泥粉煤灰砂浆和掺用外加剂的砂浆搅拌时间不得少于3min。掺用有机塑化剂的砂浆，必须机械搅拌，搅拌时间为3～5min。砂浆现场拌制时，各组分材料应采用重量计量。

（2）砂浆应随拌随用，在拌成后和使用时，应用贮灰器盛装。水泥砂浆和水泥混合砂浆必须分别在拌成后3h和4h内使用完毕；当施工期间最高气温超过30℃时，必须分别在拌成后2h和3h内使用完毕。

（3）应抽样检查砂浆的强度等级。要求每一楼层（基础砌体按一个楼层计）或250m砌体中不同强度等级的砂浆都要进行抽样检查，每台搅拌机至少抽检一次，每次至少制作一组试块（每组6块）。如砂浆强度等级或配合比变更时，还应制作试块。

3.2 砖砌体施工

3.2.1 砖砌体的组砌形式

常用的砖砌体的组砌形式有：

（1）一顺一丁法。由一皮中全部顺砖与一皮中全部丁砖相互交替叠砌而成。上下皮的竖缝相互错开1/4砖长。这是目前最常采用的一种组砌形式。主要适用于一砖、一砖半及二砖厚墙的砌筑，如图3-1（a）所示。

（2）三顺一丁法。由三皮中全部是顺砖与一皮中全部是丁砖相互叠砌而成。上下皮顺砖间竖向灰缝相互错开1/2砖长，下皮顺砖与丁砖间竖向灰缝相互错开1/4砖长。主要适用于一砖、一砖半厚墙的砌筑，如图3-1（b）所示。

（3）梅花丁式。在同一皮砖中，采用砌两块顺砖后再砌一块丁砖的方法砌成。上皮丁砖位于下皮顺砖中部，上下皮的竖向灰缝亦相互错开1/4砖长。主要适用于一砖、一砖半厚墙的砌筑，如图3-1（c）所示。

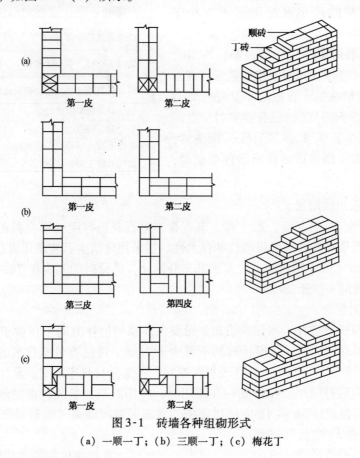

图 3-1　砖墙各种组砌形式
（a）一顺一丁；（b）三顺一丁；（c）梅花丁

3.2.2　砖砌体工艺及质量要求

1. 施工工艺

砌砖施工通常包括抄平、放线、摆砖样、立皮数杆、砌筑、清理和勾缝等工序。

（1）抄平。砌砖前应在基础顶面或楼面上定出各楼层标高，并用 M7.5 的水泥砂浆或 C10 细石混凝土找平，使各段砖墙能在同一标高位置开始砌筑。

（2）放线。确定各段墙体砌筑的位置。根据轴线桩或龙门板上轴线位置，在做好的基础顶面，弹出墙身中线及边线，同时弹出门洞口的位置。二层以上墙的轴线可用经纬仪或锤球将轴线引上，并弹出各墙的轴线、边线、门窗洞口位置线，如图3-2所示。

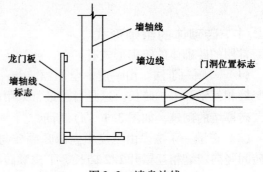

图 3-2　墙身放线

（3）摆砖样。摆砖样是为选定组砌形式。在基础顶面放线位置试摆砖样（不铺灰）尽量使门窗垛等处符合砖的模数，偏差小时可通过调整竖向灰缝，以减少砍砖数量，并使砌体灰缝均匀、整齐，同时可提高砌筑的效率。

（4）立皮数杆。皮数杆是指一根划有每皮砖和灰缝厚度，以及门窗洞口、过梁、楼板、梁底、预埋件等标高位置的硬木方杆，其作用是砌筑时控制砌体的竖向尺寸，同时可以保证砌体的垂直度。

皮数杆一般立于房屋的四大角，内外墙交接处、楼梯间以及洞口多的地方，砌体较长时，每隔 10~15m 增设一个。皮数杆固定时，应用水准仪抄平，并用钢尺量出楼层高度，定出本楼层楼面标高，使皮数杆上所画室内地面标高与设计要求标高一致。

（5）砌筑。砖砌体的砌筑方法较多，与各地的习惯、使用的工具有关，常用的砌筑方法有："三一"砌砖法、挤浆法和满口灰法等，其中最常用的是"三一"砌砖法和挤浆法。

1）"三一"砌砖法：即一块砖、一铲灰、一挤揉，并将挤出的砂浆刮去的砌筑方法。其特点是灰缝饱满，粘结力好，墙面整洁。砌筑实心墙时宜选用"三一"砌砖法。

2）挤浆法：即先在墙顶面铺一段砂浆，然后双手或单手拿砖挤入砂浆中，达到下齐边、上齐线，横平竖直的要求。其特点是：可连续组砌几块砖，减少烦琐的动作，平推平挤可使灰缝饱满，效率高。操作时铺浆长度不得超过 750mm，气温超过 30℃时，铺浆长度不得超过 500mm。

3）满口灰法：是将砂浆刮满在砖面和砖棱上，随即砌筑的方法。其特点是砌筑质量好，但效率低，仅适用于砌筑砖墙的特殊部位，如保暖墙、烟囱等。

砌砖时，通常先在墙角以皮数杆进行盘角，每次盘角不得超过 5 皮砖，然后将准线挂在墙侧，作为墙身砌筑的依据，24 墙及其以下墙体单侧挂线，37 墙及其以上墙体双侧挂线。

砖砌体水平灰缝砂浆饱满度不得低于 80%，使其砂浆饱满，严禁用水冲浆灌缝。砖墙转角处，每皮砖均需加砌七分头砖。当采用一顺一丁砌筑时，七分头砖的顺面方向依次砌顺砖，丁面方向依次砌丁砖。

（6）清理。为保持墙面的整洁，每砌十皮砖应进行一次墙面清理，当该楼层墙体砌筑完毕后，应进行落地灰的清理。

（7）勾缝。勾缝是清水墙的最后一道工序，具有保护墙面和增加墙面美观的作用。内墙面或混水墙可采用砌筑砂浆随砌随勾缝，称为原浆勾缝。清水墙应采用 1:（1.5~2）水泥砂浆勾缝，称为加浆勾缝。勾缝应横平竖直，深浅一致，横竖缝交接处应平整，表面应充分压实赶光。缝的形式有凹缝和平缝等，凹缝深度一般为 4~5mm。勾缝完毕，应清理墙面。

2. 质量要求

砖砌体的质量要求为：横平竖直、灰浆饱满、上下错缝、接槎可靠。

（1）横平竖直。

1）横平。要求每一皮砖必须保持在同一水平面上，每块砖必须摆平。为此，在施工时首先做好基础或楼面抄平工作。砌筑时严格按皮数杆挂线，将每皮砖砌平。

2）竖直。要求砌体表面轮廓垂直平整，竖向灰缝必须垂直对齐，对不齐而错位时，称为游丁走缝，影响砌体的外观质量。

墙体垂直与否，直接影响砌体的稳定性，墙面平整与否，影响墙体的外观质量。在施工过程中要做到"三皮一吊，五皮一靠"，随时检查砌体的横平竖直，检查墙面的平整度可用塞尺塞进靠尺与墙面的缝隙中，检查此缝隙的大小；检查墙面垂直度时，可用2m靠尺靠在墙面上，将线锤挂在靠尺上端缺口内，使线与尺上中心线重合。

（2）灰浆饱满。砂浆在砌体中的主要作用是传递荷载，粘结砌体。砂浆饱满度不够，将直接影响砌体内力的传递和整体性。施工验收规范规定，砂浆饱满度水平灰缝不低于80%，且灰缝厚度控制在8～12mm之间。

（3）上下错缝。为保证砌体有一定的强度和稳定性，应选择合理的组砌形式，使上下两皮砖的竖缝相互错开至少1/4的砖长。不准出现通缝。否则在垂直荷载的作用下，砌体会由于"通缝"丧失整体性而影响强度。同时，纵横墙交接、转角处，应相互咬合牢固可靠。

（4）接槎可靠。为保证砌体的整体稳定性，砖墙转角处和交接处应同时砌筑。不能同时砌筑而需临时间断，先砌筑的砌体与后砌筑的砌体之间的接合处称为接槎。接槎方式合理与否，对砌体的整体性影响很大，尤其是抗震设防区的接槎质量将直接影响房屋的抗震能力，必须予以足够重视。为使接槎牢固，须保证接槎部分的砌体砂浆饱满，一般应砌成斜槎，斜槎的长度不应小于高度的2/3，如图3-3所示。临时间断处的高差不得超过一步脚手架的高度。留斜槎确有困难时，除转角外可留直槎，但必须做成阳槎，即从墙面引出不小于120mm的直槎，如图3-4所示，并设拉结筋，拉结筋的设置应沿墙高每500mm设一道，每道按墙厚120mm加设一根 $\phi 6$ 钢筋（120mm、240mm厚墙均设两根 $\phi 6$ 钢筋），伸入墙内长度每边不小于500mm。对于抗震设防地区，伸入墙内长度则更长。

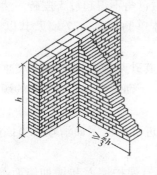

图3-3 斜槎

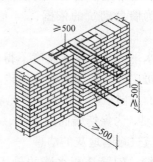

图3-4 直槎

砖砌体的位置及垂直度允许偏差应符合表3-2的规定。

砖砌体的位置及垂直度允许偏差 表3-2

项次	项　　目			允许偏差（mm）	检 验 方 法
1	轴线位置偏移			10	用经纬仪和尺检查或用其他测量仪器检测
2	垂直度	每　层		5	用2m托线板检查
		全高	≤10cm	10	用经纬仪、吊线和尺检查，或用其他测量仪器检测
			>10cm	20	

砖砌体的一般尺寸允许偏差应符合表3-3的规定。

砖砌体一般尺寸允许偏差 表3-3

项次	项 目		允许偏差（mm）	检验方法	抽检数量
1	基础顶面和楼面标高		±15	用水准仪和尺检查	不应少于5处
2	表面平整度	清水墙柱	5	用2m靠尺和楔形塞尺检查	有代表性自然间10%，但不应少于3间，每间不应少于2处
		混水墙柱	8		
3	门窗洞高、宽（后塞口）		±5	用尺检查	检验批洞口的10%，且不应少于5处
4	外墙上下窗口偏移		20	以底层窗口为准，用经纬仪和吊线检查	检验批的10%，且不应少于5处
5	水平灰缝平直度	清水墙	7	拉10m线和尺检查	有代表性自然间10%，但不应少于3间，每间不应少于2处
		混水墙	10		
6	清水墙游丁走缝		20	吊线和尺检查，以每层第一皮砖为准	有代表性自然间10%，但不应少于3间，每间不应少于2处

3.3 石砌体施工

3.3.1 石砌体的组砌形式

石砌体的组砌形式应符合下列规定：

（1）内外搭砌，上下错缝，拉结石、丁砌石交错设置；

（2）毛石墙拉结石每0.7m² 墙面不应少于1块。

石砌体的轴线位置及垂直度允许偏差应符合表3-4的规定，一般尺寸允许偏差应符合表3-5的规定。

石砌体的轴线位置及垂直度允许偏差 表3-4

项次	项 目		允许偏差（mm）						
			毛石砌体		料石砌体				
					毛石料		粗石料		细石料
			基础	墙	基础	墙	基础	墙	墙、柱
1	轴线位置		20	15	20	15	15	10	10
2	墙面垂直度	每层		20		20		10	7
		全高		30		30		25	20

65

项次	项目		允许偏差（mm）						
			毛石砌体		料石砌体				
			基础	墙	基础	墙	基础	墙	墙、柱
1	基础和墙砌体顶面标高		±25	±15	±25	±15	±15	±15	±10
2	砌体厚度		±30	±20 / −10	±30	±20 / −10	±15	±10 / −5	±10 / −5
3	表面平整度	清水墙、柱	—	20	—	20	—	10	5
		混水墙、柱	—	20	—	20	—	15	—
4	清水墙水平灰缝平直度		—	—	—	—	—	10	5

3.3.2　石砌体工艺及质量要求

1. 施工工艺

（1）毛石基础砌筑。毛石基础砌筑前，必须用钢尺校核毛石基础放线尺寸，其允许偏差不应超过表 3-6 的规定。毛石基础一般采用 M2.5 或 M5 水泥砂浆铺灰法砌筑。毛石基础大放脚第一层，应首先座浆，然后选择大而平整的石块，大面朝下平放安砌，砌好后要以双脚左右摇踩不动为准，使地基受力均匀，基础稳固。毛石基础扩大部分一般做成阶梯形，每阶内至少砌二皮毛石。上级阶梯的石块应至少压砌下级阶梯石块的 1/2，相邻阶梯的毛石应相互错缝搭砌。

长度 L、宽度 B 的尺寸（m）	允许偏差（mm）	长度 L、宽度 B 的尺寸（m）	允许偏差（mm）
L（B）≤30	±5	60＜L（B）≤90	±15
30＜L（B）≤60	±10	L（B）＞90	±20

（2）毛石砌体砌筑。灰缝厚度宜为 20～30mm，要求石块间不得有相互接触现象。石块间较大的空隙应先填塞砂浆，然后嵌入小石块并用手锤打紧，再填以砂浆，务使砂浆填满空隙，砌体平稳密实。各皮石块间应利用自然形状经敲打修整，使其能与先砌石块基本吻合、搭砌紧密。毛石砌体的第一皮及转角处、交接处和洞口处，应用较大的平毛石砌筑；每一楼层（包括基础）砌体的最上一皮，应选用较大的毛石砌体。

毛石砌体的转角处和交接处应同时砌筑，否则应留踏步槎。毛石砌体应分皮卧砌，上下错缝，内外搭砌。一般每皮厚约 30cm，上下皮毛石间搭接不小于 8cm，不得有通缝。除此之外，为了增强毛石墙体的整体性、稳定性，还必须按规定设置拉结石（顶头石）。拉结石是长条形石块，如基础宽度或墙厚小于或等于 400mm 时，拉结石的长度应与宽度或厚度相等；如基础宽度或墙厚大于 400mm 时，可用两块拉结石内外搭接，搭接长度不小于 150mm，且其中一块长度应不小于基础宽度或墙厚 2/3。上下层拉结石要均匀分布，相互错开，在立面上呈梅花状（如图 3-5 所示）。毛石基础同皮内每间隔 2m 左右设置一块拉结石；毛石墙体一般每 0.7m² 墙面至少设置一块拉结石，且同皮内的中距不大于 2m。毛石砌到室内地坪以下 5cm，应在上面设置防潮层。如设计无特殊要求时，宜用 1:1.25 的水泥砂浆加适量的防水剂铺设，其厚度一般为 20cm。

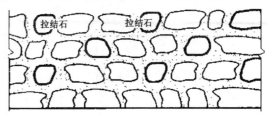

图 3-5　拉结石

考虑到毛石形状不规则和自重较大的特点，为保证砌体的稳定性，规定毛石砌体每日的砌筑高度应不超过 1.2m。

2. 质量要求

（1）石砌体采用的石材应质地坚实，无风化剥落和裂纹。用于清水墙、柱表面的石材，尚应色泽均匀。

（2）石材表面的泥垢、水锈等杂质，砌筑前应清除干净。

（3）石砌体灰缝：毛料石和粗料石不宜大于 20mm；细料石不宜大于 5mm。

（4）砂浆初凝后，如移动已砌筑的石块，应将原砂浆清理干净，重新铺浆砌筑。

（5）料石挡土墙中间部分用毛石砌筑时，丁砌料石伸入毛石部分的长度不应小于 200mm。

（6）挡土墙的泄水孔当设计无规定时，施工应符合下列规定：①泄水孔应均匀设置，在每米高度上间隔 2m 左右设置一个泄水孔；②泄水孔与土体间铺设长宽各为 300 mm、厚 200 mm 的卵石或碎石作疏水层。

（7）挡土墙内侧回填土必须分层夯填，分层松土厚度应为 300 mm。墙顶土面应有适当坡度使流水流向挡土墙外侧面。

3.4　砌块砌体施工

3.4.1　砌块砌体的组砌形式

1. 砌块排列图

由于砌块的单块体积与普通黏土砖相比要大很多，砌筑时又必须整块使用，不能随意砍折，因此，在砌筑砌块前，应根据施工图纸的平面、立面尺寸，先绘出砌块排列图。

绘制排列图的比例一般为 1:30 或 1:50，在立面图上按比例绘出纵横墙，标出楼板、大梁、过梁、楼梯、孔洞等位置，在纵横墙上绘出水平灰缝线，按照墙面的高度除以砌块加灰缝的厚度，计算出砌块皮数。然后以主规格为主、其他型号为辅，按墙体错缝搭砌的原则和竖缝大小进行排列。在墙体上大量使用的主要规格砌块，称为主规格砌块；与其他相搭配使用的砌块，称为辅规格砌块。排列时应根据砌块规格、灰缝厚度和宽度、门窗洞口尺寸、过梁与圈梁的高度、芯柱或构造柱位置、预留洞大小、管线、开关、插座敷设部位等进行对孔、错缝搭接排列。砌块排列时要从室内地面 ±0.00 开始，以主规格为主，辅规格为辅，以便增强墙体的稳定性，减少砌块数。

2. 转角及交接处砌法

空心砌块墙的转角处，应隔皮纵横墙砌块相互搭砌，如图 3-6 所示。T 字交接处应隔皮使横墙砌块端面露头。当该处无芯柱时，应在纵墙上交接处砌两块一孔半的辅助规格砌块，隔皮砌在横墙露头砌块下，其半孔应位于中间，如图3-7所示。当有芯柱时，应在纵墙上交接处砌一块三孔大规格砌块，砌块的中间孔正对横墙。

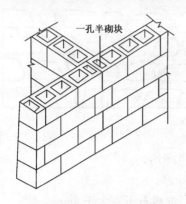

图3-6　空心砌块墙转角砌法

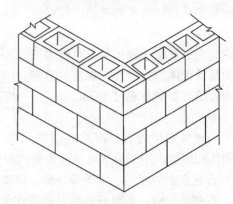

图3-7　混凝土空心砌块墙T字交接处砌法（无芯）

露头砌块靠外的孔洞，如图3-8所示。十字交接处无芯柱时，在交接处应砌一孔半砌块，隔皮垂直相交，其半孔应在中间，当有芯柱时，在交接处应砌三孔砌块，隔皮垂直相交，中间孔相互对正。常温条件下，小砌块每日的砌筑高度，对承重墙体宜在1.5m或一步脚手架高度内；对填充墙体不宜超过1.8m。

配筋砌体工程在砌筑时，设置在砌体水平灰缝中钢筋的锚固长度不宜小于$50d$，且其水平或垂直弯折段的长度不宜小于$20d$和150mm，钢筋的搭接长度不应小于$55d$。

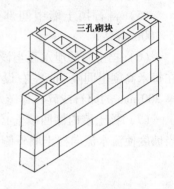

图3-8　混凝土空心砌块墙T字交接处砌法（有柱芯）

3.4.2　砌块砌体工艺及质量要求

1. 施工工艺

（1）砌块施工顺序。砌块的施工顺序一般按施工段依次进行，其次序为先外后内、先远后近、先下后上。砌块砌筑时应从转角处或定位砌块处开始，同时砌筑外墙，在相邻施工段之间留阶梯形斜槎。砌筑应满足错缝搭接、横平竖直、表面清洁的要求。

（2）砌块施工要点。普通混凝土小砌块吸水率很小，砌筑前无需浇水，当天气干燥炎热时，可提前洒水湿润；轻骨料混凝土小砌块吸水率较大，应提前2d浇水湿润，含水率宜为5%~8%；加气混凝土砌块砌筑时，应向砌筑面适量浇水，但含水量不宜过大，以免砌块孔隙中含水过多，影响砌体质量。

砌筑砌块时，应立皮数杆并挂线施工，以保证水平灰缝的平直度和竖向构造变化部位的留设正确。水平灰缝采用铺灰法铺设，小砌块的一次铺灰长度一般不超过两块主规格块体的长度。竖向灰缝，对于小砌块应采用加浆方法，使其砂浆饱满，按照净面积计算水平灰缝砂浆饱满度不应低于90%，竖缝砂浆饱满度不宜低于80%；对于加气混凝土砌块，宜采用内外临时夹板灌缝。

2. 质量要求

与砖砌体类似，砌块砌体的质量要求同样可以概括为四方面：

（1）横平竖直。要求砌块砌体水平灰缝平直、表面平整和竖向垂直等。为此，要求砌筑时必须立皮数杆、挂线砌砖，并应随时吊线、直尺检查和校正墙面的平整度和竖向垂直度。

（2）灰浆饱满。砌块砌体的水平和竖向灰缝砂浆应饱满，小砌块砌体水平灰缝的砂浆饱满度（按净面积计算）不得低于80%。

小砌块砌体的水平灰缝厚度和竖向灰缝宽度一般为10mm，要求不应小于8mm，也不应大于12mm，其水平灰缝厚度和竖向灰缝宽度的规定与砖砌体一致。加气混凝土砌块砌体的水平灰缝厚度要求不得大于15mm，垂直灰缝宽度不得大于20mm。

（3）错缝搭接。砌块砌体的砌筑应错缝搭砌，对单排孔小砌块尚应对齐孔洞。砌筑承重墙时，小砌块的搭接长度不应小于120mm。砌筑框架结构填充墙时，小砌块的搭接长度不应小于90mm；加气混凝土砌块的搭接长度不应小于砌块长度的1/3，且应不小于150mm。如搭接长度不满足要求，应在水平灰缝中加$2\phi6$钢筋或$\phi4$钢筋网片。

（4）接槎可靠。砌块墙体的转角处和内外墙交接处应同时砌筑。墙体的临时间断处应砌成斜槎。在非抗震设防地区，除外墙转角处外，墙体的临时间断处也可砌成直槎，要求直槎从墙面伸出200mm，并沿墙高每隔600mm设$2\phi6$拉结钢筋或粗钢筋网片。拉结筋或钢筋网片的埋入长度，从留槎处算起，每边不小于600mm，且必须准确埋入灰缝或芯柱内。

3.5 脚手架及垂直运输设施

3.5.1 脚手架

砌筑用脚手架是墙体砌筑过程中堆放材料和工人进行操作的临时设施。工人在地面或楼面上砌筑砖墙时，劳动生产率受砌砖的砌筑高度影响。在距地面0.6m左右时生产效率最高，砌筑到一定高度时，需要搭设脚手架。考虑砌砖工作效率及施工组织等因素，每次搭设脚手架的高度确定为1.2m左右，称为"一步架高度"，又叫做砖墙的可砌高度。在地面或楼面上砌墙，砌到1.2m高度左右要停止砌砖，搭设脚手架后再继续砌筑。

1. 脚手架的要求

（1）脚手架的基本要求。脚手架是砌体工程的辅助工具，凡高度超过3m的建筑物施工，都需要搭设脚手架，在建筑物竣工后应全部拆除。脚手架与施工安全有着密切关系，必须符合如下基本要求：

①脚手架的各部分材料要有足够的强度，应能安全地承受上部的施工荷载和自重。施工荷载包括操作人员自重、工具设备的重量和所允许堆放材料的总重量。

②脚手架要有足够的稳定性，不发生变形、倾斜或摇晃现象，确保施工人员人身安全。

③脚手架板道上要有足够的面积，以满足工人操作、堆放材料和运输的要求。

④脚手架必须保证安全，符合高空作业的要求。对脚手架的绑扎、护身栏杆、挡脚板、安全网等应按有关规定执行。

⑤脚手架属于周转性重复使用的临时设施，要力求构造简单，装拆方便，损耗小。

⑥要因地制宜，就地取材，尽量节约脚手架用料。

（2）脚手架的载荷要求。现行施工规范对脚手架的荷载规定为：砌筑工程 2700N/m²，装饰工程 2000N/m²，里脚手架 2500N/m²，挑脚手架 1000N/m²。特殊情况要通过计算来决定。在脚手架上堆砖，只许单行侧摆三层。由于脚手架搭拆频繁，施工载荷变动大，安全系数一般不小于 3，垂直运输架的安全系数也取 3，吊盘的动力系数取 1.3，脚手架上附设小扒杆时，超重量不得大于 300kg，并将该脚手架加固。

（3）留设脚手眼的规定。单排外落地式脚手架应在墙面上留设脚手眼，作为小横杆在墙上的支点，但在下列部位不允许留设脚手眼：土坯墙、土打墙、空心砖墙、空斗墙、独立砖柱、半砖墙以及 18cm 厚的砖墙；砖过梁上及与过梁成 60°角的三角形范围；宽度小于 1m 的窗间墙；梁或梁垫之下，以及其左右各 50cm 的范围内；门窗洞口两侧 3/4 砖和距转角 7/4 砖的范围内；设计规定不允许设置脚手眼的部位。

2. 脚手架的分类

根据脚手架搭设位置不同，分外脚手架（搭设在建筑物外圈）和内脚手架（设在建筑物内部）。根据脚手架所用的材料不同，分为木、竹和钢制脚手架等。

（1）外脚手架。

1）钢管扣件式脚手架。由钢管和扣件组成。扣件为钢管与钢管之间的连接件，其基本形式有三种：直角扣件、对接扣件和回转扣件，用于钢管之间的直角连接、直角对接接长或成一定角度的连接。钢管扣件式脚手架的主要构件有：立杆、大横杆、斜杆和底座等，一般均采用 $\phi48mm \times 36mm$ 焊接钢管。立杆、大横杆、斜杆的钢管长度为 4～6.5m，小横杆的钢管长度为 2.1～2.3m。底座有两种，一种用厚 8mm、边长为 150mm 的钢管做底板，用外径 60mm，壁厚 3.5mm，长 150mm 的钢管做套筒，二者焊接而成；另一种是用可锻铸铁铸成，底板厚 10mm，直径 150mm，插芯直径 36mm，高 150mm。钢管扣件式脚手架的构造形式有双排和单排两种，单排脚手架搭设高度不超过 30m，不宜用于半砖墙、轻质空心砖墙、砌块墙体。

钢管扣件式脚手架的架设要点：

①在搭设脚手架前，对底座、钢管、扣件要进行检查，钢管要平直，扣件和螺栓要光。

②搭设范围的地基要夯实整平，做好排水处理，如地基土质不好，则底座下垫以木板或垫块。立杆要竖直，垂直度允许偏差不得大于 1/200。相邻两根立杆接头应错开 50cm。

③大横杆在每一面脚手架范围内的纵向水平高低差，不宜超过 1 匹砖的厚度。同一步内外两根大横杆的接头，应相互错开，不宜在同一跨度间内。在垂直方向相邻的两根大横杆的接头也应错开，其水平距离不宜小于 50cm。

④小横杆可紧固于大横杆上，靠近立杆的小横杆可紧固于立杆上。双排脚手架小横杆靠墙的一端应离开墙面 5～15cm。

⑤各杆件相交伸出的端头，均应大于 10cm，以防滑脱。

⑥扣件连接杆件时，螺栓的松紧程度必须适度。如用测力扳手校核操作人员的手劲，以扭力矩控制在 40～50N·m 为宜，最大不超过 60N·m。

⑦为保证架子的整体性，应沿架子纵向每隔 30m 设一组剪刀撑，两根剪刀撑斜杆分

别扣在立杆与大横杆上或扣在小横杆的伸出部分上。斜杆两端扣件与立杆接点（即立杆与横杆的交点）的距离不宜大于 20cm，最下面的斜杆与立杆的连接点离地面不宜大于 50cm。

⑧为了防止脚手架向外倾倒，每隔 3 步架高、5 跨间隔，应设置连墙杆，其连接形式，如图 3-9 所示。

⑨拆除钢管扣式脚手架时，应按照自上而下的顺序，逐根往下传递，不要乱扔。摘下的钢管和扣件应分类整理存放，损坏的要进行整修。钢管应每年刷一次漆，防止生锈。

2）碗扣式钢管脚手架。碗扣式钢管脚手架或称多功能碗扣式脚手架。其核心部件是碗扣接头，由上下碗扣、横杆接头和上碗扣的限位销等组成，如图 3-10 所示。其特点是杆件全部轴向连接，结构简单，力学性能好，接头构造合理，工作安全可靠，拆装方便，不存在扣件丢失的问题。

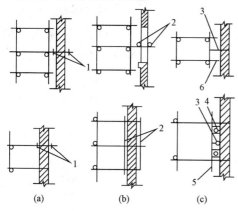

图 3-9　连墙杆的做法
1—两只扣件；2—两根短管；3—拉结铅丝；
4—木楔；5—短管；6—横杆

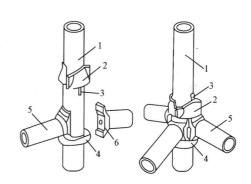

图 3-10　碗扣接头
1—立杆；2—上碗扣；3—限位销；
4—下碗口；5—横杆；6—横杆接头

碗扣式钢管脚手架的主要构配件有立杆、顶杆、横杠、斜杆和底座。立杆和顶杆各有两种规格，在杆上均焊有间距为 600mm 的下碗口，每一碗扣接头可同时连接 4 根横杆，可以构成任意高度的脚手架，立杆接长时，接头应错开，至顶层再用两种顶杆找平。

碗扣式钢管脚手架用于构件双排外脚手架时，一般立杆横向间距取 1.2m，横杆步距取 1.8m，立杆纵向间距根据建筑物结构、脚手架搭设高度及作业荷载等具体要求确定，可选用 0.9、1.2、1.5、1.8m 和 2.4m 等多种尺寸，并选用相应的横杆。

碗扣式钢管脚手架的搭设要点：

①斜杆设置。斜杆可增强脚手架的稳定性。对于不同尺寸的框架应配备相应长度的斜杆。斜杆可装成节点斜杆（即斜杆接头同横杆接头装在同一碗扣接头内），或装成非节点斜杆（即斜杆接头同横杆接头不装在同一碗扣接头内）。斜杆应尽量布置在框架节点上，对于高度在 30m 以上的脚手架，可根据载荷情况，设置斜杆的框架面积为整架立面面积的 1/5 ~ 1/2；对于高度超过 30m 的高层脚手架，设置斜杆的框架面积不小于整架立面面积的 1/2。在拐角边缘及端部必须设置斜杆，中间可均匀间隔布置。

②剪刀撑。竖向剪刀撑的设置应与碗扣式斜杆的设置相配合，一般高度在 30m 以下

的脚手架，可每隔4～5跨设置一组沿全高连续搭设的剪刀撑，每道剪刀撑跨越5～7根立杆，该剪刀撑跨内不再设碗扣式斜杆；对于高度在30m以下的高层脚手架，应沿脚手架外侧的全高方向连续设置，两组剪刀撑之间用碗扣式斜杆，其设置构造如图3-11所示。对于30m以上的高层脚手架，应每隔3～5步架设置一层连续的闭合纵向水平剪刀撑。

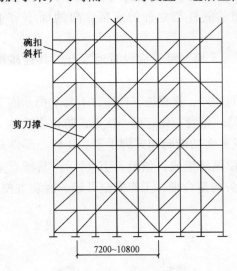

图3-11 剪刀撑设置构造

③连墙撑。连墙撑是脚手架与建筑物之间的连接件，对提高脚手架的横向稳定性、承受偏心荷载和水平荷载等具有重要作用。一般情况下，对于高度在30m以下的脚手架，可四跨三步设置一个（约40m）；对于高层及重载脚手架，则要适当加密，50m以下的脚手架至少应三跨三步布置一个（约25m）；50m以上的脚手架至少应三跨二步布置一个（约20m）。连墙撑设置应尽量采用梅花形布置方式，其构造如图3-12所示。

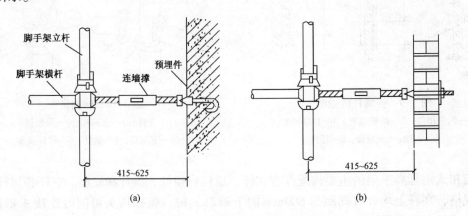

图3-12 碗扣式连墙撑的设置构造
（a）混凝土墙固定连墙撑；（b）砖墙固定用连墙撑

④高层卸荷拉结杆。是一种为减轻脚手架荷载而设计的构件。一般每30m高卸荷一次，但总高度在50m以下的脚手架不用卸荷。设置卸荷拉结杆时，将拉结杆一端用预埋件固定在墙体上，另一端固定在脚手架横杆层下碗扣底下，中间用索具螺旋调节拉力，以达到悬吊卸荷的目的，其构造形式如图3-13所示。

碗扣式钢管脚手架使用完成后，应制定拆除方案。拆除前应对脚手架进行一次全面检查，清除所有多余物件，并设立拆除区，严禁人员进入。在拆架前先拆连墙撑。应自上而下逐层拆除，不允许上、下两层同时拆除。连墙撑只能在拆到该层时才允许拆除。

3）门式钢管脚手架。又称多功能门式脚手架，是国际上应用最普遍的脚手架之一。门式钢管脚手架由门式框架、剪刀撑和水平梁架或脚手板构成基本单元，如图3-14所示。

将基本单元连接起来（或增加梯子和栏杆等部件）即构成整片脚手架。这种脚手架的搭设高度一般限制在45m以内。施工荷载限定为：均布载荷1816N/m，或作用于脚手板跨中的集中荷载1916N。

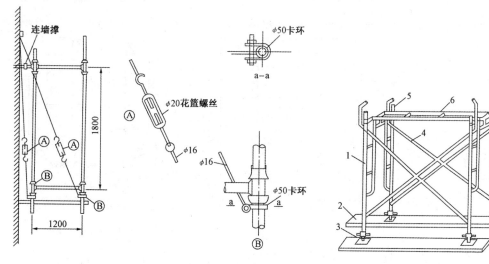

图 3-13　卸荷拉结杆布置　　　　　图 3-14　门式钢管脚手架基本单元

门式钢管脚手架一般按以下程序搭设：铺放垫木（板）→拉线、放底座→自一端起立门架并随即装剪刀撑→装水平梁架（或脚手板）→装梯子→（需要时，装设通长的纵向水平杆）→装设连墙杆→照上述步骤，逐层向上安装一加强整体刚度的长剪刀撑→装设顶部栏杆。

搭设门式脚手架时基座必须严格夯实抄平，并铺平调底座，以免发生塌陷和不均匀沉降。门架的顶部和底部用纵向水平杆和扫地杆固定。门架之间必须设置剪刀撑和水平梁架（或脚手板），其间连接应可靠，以确保脚手架的整体刚度。整片脚手架必须适量放置水平加固杆，前三层要每层设置，三层以上则每隔三层设一道。使用连墙管或连墙器将脚手架和建筑结构紧密连接，连墙点的最大间距在垂直方向为6m，在水平方向为8m。高层脚手架应增加连墙点布设密度。脚手架在转角处必须做好与墙连接牢靠，并利用钢管和回转扣件将处于相交方向的门架连接起来。

拆除门式钢管脚手架时应自上而下进行，部件拆除顺序与安装顺序相反。不允许将拆除的部件直接从高空掷下。应将拆下的部件分品种捆绑后，使用垂直吊运设备将其运至地面，集中堆放保管。

（2）内脚手架。内脚手架一般用于墙体高度不大于4m的房屋。混合结构房屋墙体砌筑多采用工具式内脚手架，将脚手架搭设在各层楼板上，待砌完一层墙体，即将脚手架全部运到上一个楼层上。使用内脚手架，每一层楼只需要搭设2～3步架。内脚手架所用工料较少，比较经济，因而被广泛采用。但是，用内脚手架砌外墙时，特别是清水墙，工人在外墙的内侧操作，要保证外侧砌体的表面平整度、灰缝平直度及不出现游丁走缝现象，对工人在操作技术上要求较高。常用的内脚手架有：

1）角钢（钢筋、钢管）折叠式内脚手架。如图3-15（a）所示，其架设间距：砌墙时宜为1.2～2.0m；粉刷时宜为2.2～2.5m。

2）支柱式内脚手架。如图3-15（b）所示，由若干支柱和横杆组成，上铺脚手板。搭设间距：砌墙时宜为2.0m，粉刷时不超过2.5m。

3）木、竹、钢制马凳式内脚手架。如图3-15（c）所示，马凳距离不大于1.5m，上铺脚手板。

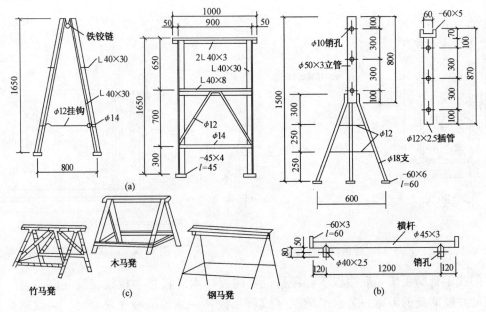

图3-15 内脚手架

脚手板的种类有：木脚手板、竹脚手板、薄钢脚手板、钢木脚手板等。

3. 安全网的挂设方法 安全网是用直径9mm的麻、棕绳或尼龙绳编织而成的。宽约3m，长约6m，网眼5cm左右。安全网每平方米面积上承受荷载不小于1600N。安全网的挂设方法：

（1）内脚手架砌外墙，外墙四周必须挂安全网。当墙上有窗口时，在上下两窗口处的里、外侧墙面各绑一道夹墙横杆，从下窗口伸出斜杆，斜杆顶部绑一道大横杆，将安全网挂在上窗口横杆与大横杆之间，斜杆下部绑在下窗口的横杆上，再在每根斜杆顶上拉一根麻绳，将网绷起，如图3-16所示。

（2）高层、多层建筑使用外脚手架施工时，也要张设安全网。建筑物低于三层时，安全网可从地面上撑起，距地面约3～4m；建筑物在三层以上时，安全网应随外墙的砌

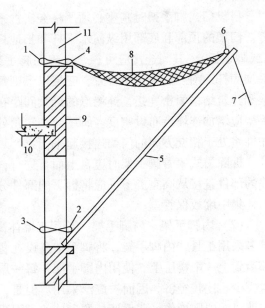

图3-16 安全网搭设
1、2、3—水平杆；4—内水平杆；
5—斜杆；6—水平外杆；7—拉绳；8—安全网；
9—外端；10—楼板；11—窗口

高而逐层上升，每升一次为一个楼层的高度。砌体高度大于 4m 时，要开始设安全网。在出入口处架设安全网，在网上应加铺一层竹席，以保证安全。

3.5.2 垂直运输设施

垂直运输设施是指在工程施工中担负垂直输送材料和人员上下的机械设备和设施。砌筑工程中的垂直运输量很大，不仅要运输大量的砖（或砌块）、砂浆，而且还要运输脚手架、脚手板和各种预制构件，因此，合理地安排垂直运输设施，直接影响到砌筑工程的施工速度和工程成本。

1. 垂直运输设施的种类

垂直运输设施种类较多，可大致分为以下 5 类：

（1）塔式起重机。塔式起重机具有提升、回转、水平输送（通过滑轮车移动和臂杆仰俯）等功能，不仅是重要的吊装设备，而且也是重要的垂直运输设备，用其垂直和水平吊运长、大、重的物料仍为其他垂直运输设备（施）所不及。

（2）施工电梯。多数施工电梯为人货两用，少数电梯仅供货用。电梯按其驱动方式可分为齿条驱动和绳轮驱动两种。齿条驱动电梯又有单吊箱（笼）式和双吊箱（笼）式两种，并装有可靠的限速装置，适于 20 层以上建筑工程使用；绳轮驱动电梯为单吊箱（笼），无限速装置，轻巧便宜，适于 20 层以下建筑工程使用。

（3）物料提升架。包括井式提升架（简称"井架"）、龙门式提升架（简称"龙门架"）、塔式提升架（简称"塔架"）和独杆升降台等。

（4）混凝土泵。混凝土泵是水平和垂直输送混凝土的专用设备，用于超高层建筑工程时则更显示出其优越性。混凝土泵按工作方式不同，可分为固定式和移动式两种；按泵的工作原理不同，可分为挤压式和柱塞式两种。

（5）其他物料提升设施。由小型（一般起重量在 1.0t 以内）起重机具如电动葫芦、手扳葫芦、倒链、滑轮、小型卷扬机等与相应的提升架、悬挂架等构成，形成墙头吊、悬臂吊、摇头把杆吊、台灵架等。常用于多层建筑施工或作为辅助垂直运输设施。

垂直运输设施的总体情况参见表 3-7。

垂直运输设施的总体情况　　　　　　　　　表 3-7

序号	设备名称	形式	安装方式	工作方式	设备能力	
					起重能力	提升能力
1	塔式起重机	整装式	行走/固定	在不同回转半径内形成作业覆盖区	60～10000kN·m	80m 内
		自升式	固定/附着			250m 内
		内爬式	附着		3500kN·m 内	一般 300m 内
2	施工升降机（施工电梯）	单笼、双笼、笼带斗	附着	吊笼升降	一般 2t 以内，高者达 2.8t	一般 100m 内，最高已达 645m

75

序号	设备名称	形式	安装方式	工作方式	设备能力	
					起重能力	提升能力
3	井字提升架	定型钢管搭	缆风固定	吊笼（盘、斗）升降	3t 以内	60m 内
		定型	附着			可达200m 以上
		钢管搭设				100m 以内
4	龙门提升架		缆风固定	吊笼（盘、斗）升降	2t 以内	50m 内
			附着			100m 内
5	塔架	自升	附着	吊盘（斗）升降	2t 以内	100m 内
6	独杆提升机	定型产品	缆风固定	吊盘（斗）升降	1t 以内	一般在25m 内
7	墙头吊	定型产品	固定在结构上	回转起吊	0.5t 以内	高度视配绳和吊物稳定而定
8	屋顶起重机	定型产品	固定在移动式	葫芦沿轨道移动	0.5t 以内	
9	独杆升机	定型产品	移动式	同独杆提机	1t 以内	40m 内
10	混凝土输送泵	固定式拖式	固定并设置输送管道	压力输送	输送能力为30~50m³/h	一般为100m 可达300m 以上
11	可倾斜塔式起重机	履带式	移动式	为履带吊和塔结合的产品，塔身可倾斜		50m 内
		汽车式				
12	小型起重设备			配合垂直提升架使用	0.5~1.5t	高度视配绳和吊物稳定而定

2. 垂直运输设施的安全保障

安全保障是使用垂直运输设施的首要问题，必须严格把关：

（1）首次试制加工的垂直运输设备，需经过严格的载荷和安全装置性能试验，确保达到设计要求（包括安全要求）后才能投入使用。

（2）设备应装设在可靠的基础和轨道上。基础应具有足够的承载力和稳定性，并设有良好的排水措施。

（3）设备在使用以前必须进行全面的检查和维修保养，确保设备完好。未经检修保养的设备不能使用。

（4）严格遵照设备的安装程序和规定进行设备的安装（搭设）和接高工作。初次使用的设备，工程条件不能完全符合安装要求的，以及在较为复杂和困难的条件下，应制定详细的安装方案，并按安装方案进行安装。

（5）确保架设过程中的安全：高空作业人员必须佩戴安全带；按规定及时设置临时

支撑、缆绳或附墙拉结装置；在统一指挥下作业；在安装区域内停止进行有碍确保架设安全的其他作业。

（6）设备安装完毕后，应全面检查安装（搭设）的质量是否符合要求，并及时解决存在的问题。随后进行空载和负载试运行，判断试运行情况是否正常，吊索、吊具、吊盘、安全保险以及刹车装置等是否可靠。确认无问题时才能交付使用。

（7）垂直运输设施的出料口与建筑结构的进料口之间，根据其距离的大小设置铺板或栈桥通道，通道两侧设护栏。建筑物入料口设栏杆门，小车通过之后应及时关上。

（8）设备应由专门的人员操纵和管理。严禁违章作业和超载使用。设备出现故障或运转不正常时，应立即停止使用，并及时予以解决。

（9）位于机外的卷扬机应设置安全作业棚。操作人员的视线不得受到遮挡。当作业层较高，观察和对话困难时，应采取可靠的解决方法，如增加卷扬定位装置、对讲设备或多级联络办法等。

（10）作业区域内的高压线一般应予拆除或改线，不能拆除时，应与其保持安全作业距离。

（11）使用完毕，按规定程序和要求进行拆除工作。

3. 高层建筑垂直运输设施的合理配套

在高层、超高层建筑工程施工中，合理配套是解决垂直运输设施时应当充分注意的问题。一般情况下，建筑物高度超过15层或40m时，应设施工电梯以解决施工人员的上下问题，同时，施工电梯又可承担相当数量施工材料的垂直运输任务。但大宗的、集中使用性强的材料，如钢筋、模板、混凝土等，特别是混凝土的用量最大和使用最集中，能否保证及时地输送上去，直接影响到工程进度和质量要求。因此，必须解决好垂直运输设施的合理配套设置问题。高层建筑垂直运输设施常用配套方案及其优缺点和应用范围见表3-8。

在选择配套方案时，应多从以下方面进行比较：①短期集中性供应和长期经常性供应的要求从专供、联分供和分时段供三种方式的比较中选定。所谓联分供方式，即"联供以满足集中性供应要求，分供以满足流水性供应要求"；②使设备的利用率和生产率达到较高值，使利用成本达到较低值；③在充分利用企业已有设备、租用设备或购进先进的设备方面作出正确的抉择。在抉择时，一要可靠，二要先进，三要适应日后发展。在技术要求高的超高层建筑工程施工中，选用、引进先进的设备是十分必要的，因为企业利用这些现代化设备不但可以出色地完成施工任务，而且也使企业的技术水平获得显著提高。

高层建筑垂直运输设施配套方案　　　　　　　　　　　表3-8

序号	配套方案	功能配合	优缺点	适用情况
1	施工电梯＋塔机料斗	塔机承担吊装和运送模板、钢筋、混凝土，电梯运送人员和零散材料	优点：直供范围大，综合服务能力强，易调节安排。缺点：集中运送混凝土的效率不高，受大风影响限制	吊装量较大、现浇混凝土量适应塔吊能力
2	施工电梯＋塔机＋混凝土泵、布料杆	泵和布料杆输送混凝土，塔机承担吊装和大件材料运输，电梯运送人员和零散材料	优点：直供范围大，综合服务能力强，供应能力大，易调节安排。缺点：投资大、费用高	工期紧、工程量大的超高层工程的结构施工阶段

序号	配套方案	功能配合	优缺点	适用情况
3	施工电梯+带臂杆高层井架	电梯运送人员和零散材料，井架可带吊笼和吊斗，臂杆吊运钢筋模板	优点：垂直输送能力较强，费用低。缺点：直供范围小，无吊装能力，增加水平运输设施	无大件吊装、以现浇为主、工程量不太大和集中的工程
4	施工电梯+高层井架+塔机、料斗	电梯运送人员、零散材料，井架运送大宗材料，塔机吊装和运送大件材料	优点：直供范围大，综合服务能力强，供应能力大，易调节安排，结构完成后可拆除塔机。缺点：可能出现设备能力利用不足情况	吊装和现浇量较大的工程
5	施工电梯+塔机、料斗+塔架	以塔架取代井架，功能配合同4	同4，但塔架为可带混凝土斗的物料专用电梯，性能优于高层井架，费用也较高	吊装和现浇量较大的量较大的工程
6	塔机、料斗+普通井架	人员上下使用室内楼梯，其他同4	优点：吊装和垂直运输要求均可适应、费用低。缺点：供应能力不够强，人员上下不方便	适用于50m以下建筑工程

3.6　砌体工程冬期施工

3.6.1　冬期施工要求

1. 冬期施工条件

当室外日平均气温连续5天稳定低于5℃时，砌体工程应采取冬期施工措施。因此，取室外日平均气温第一个连续5天稳定低于5℃的初日为冬期施工的起始日期；当气温回升时，取室外日平均气温第一个连续5天稳定高5℃的末日作为冬期施工的终止日期。气温根据当地气象资料确定。

2. 冬期施工原理

砌体早期遭受冻结，不仅砂浆的水化作用停止，而且由于体积约增大8%左右，使砂浆的水泥石结构遭到破坏，砂浆失去粘结能力，砌体遭受冻胀破坏。解冻后，砂浆的强度虽仍可继续增长，但其最终强度将有很大降低；而且经冻融的砂浆的压缩变形大，砌体的沉降量也大、稳定性也差。实践证明，砂浆的用水量越多，遭受冻结越早、时间越长，灰缝厚度越厚，则其冻结的危害程度就越大；反之，危害程度就越小。当砂浆具有某一定的强度后再遭受冻结，解冻后，冻结对砂浆的最终强度就不致有较大的影响，该强度称为砂浆受冻临界强度，一般为设计强度等级的20%以上。因此，砌体在冬期施工时，必须针对上述原理，相应地采取有效措施，尽可能减少冻结的危害性。冬期施工措施与方法的要点是提高早期强度或降低冰点，使砂浆在冻结前达到临界强度，解冻期采取必要的措施保证砌体的稳定性。

3. 冬期施工对材料的要求

砌体用砖或其他砌块不得遭水浸冻。普通砖、多孔砖和空心砖在气温高于0℃时，应浇水湿润。在气温低于或等于0℃时，可不浇水，但必须增大砂浆稠度。抗震设防烈度为9度的建筑物，普通砖、多孔砖和空心砖无法浇水湿润时，如无特殊措施，不得砌筑。

砂浆宜优先采用普通硅酸盐水泥配置，不得使用无水泥拌制的砂浆。石灰膏、电石膏等应防止受冻，如遭冻结，应融化后使用。拌制砂浆用砂不得有冰块和大于10mm的冻结快。砂浆试块的留置，除应按常温规定要求，尚应增留不少于一组与砌体同条件养护的试块，测试检验28d强度。拌合砂浆宜采用两步投料法。

3.6.2 冬期施工方法

当预计连续10d内的平均气温低于5℃时，砌体工程的施工，应按照冬期施工技术规定进行。冬期施工期限以外，当日最低气温低于−3℃时，也应按冬期施工有关规定进行。气温可根据当地气象预报或历年气象资料估计。

砌体工程的冬期施工方法有：冻结法和外加剂法。

1. 冻结法

冻结法是指采用不掺化学外加剂的普通水泥砂浆或水泥混合砂浆进行砌筑的一种冬期施工方法。

（1）冻结法的原理和适用范围。冻结法的砂浆内不掺任何抗冻化学剂，允许砂浆在铺砌完毕后受冻。受冻的砂浆可获得较大的冻结强度，而且冻结的强度随气温的降低而增高。但当气温升高而砌体解冻时，砂浆强度仍然等于冻结前的强度。当气温转入正温后，水泥水化作用又重新进行，砂浆强度可继续增长。

冻结法允许砂浆砌筑后受冻，且在解冻后其强度仍可继续增长。因此，对有保温、绝缘、装饰等特殊要求的工程和受力配筋砌体以及不受地震区条件限制的其他工程，均可采用冻结法施工。

冻结法施工的砂浆，经冻结、融化和硬化三个阶段后，使砂浆强度，砂浆与砖石砌体间的粘结力都有不同程度的降低。砌体在融化阶段，由于砂浆强度接近于零，将会增加砌体的变形和沉降。因此，对下列结构不宜选用：空斗墙，毛石墙，承受侧压力的砌体，在解冻期间可能受到振动或动力荷载的砌体，在解冻期间不允许发生沉降的砌体（如筒拱支座）。

（2）冻结法的施工工艺。

1）对材料的要求。冻结法的砂浆使用时的温度不应低于10℃；当日最低气温高于或者等于−25℃时，对砌筑承重砌体的砂浆强度等级应按常温施工时提高一级；当日最低气温低于−25℃时，则应提高二级。

2）砌筑施工工艺。采用冻结法施工时，应按照"三一"砌筑方法，对于房屋转角处和内外墙交接处的灰缝应特别仔细砌筑。采用一顺一丁的组砌方法。冻结法施工中宜采用水平分段施工，墙体一般应在一个施工段的范围内，砌筑至一个施工层的高度，不得间断。每天砌筑高度和临时间断处均不宜大于1.2m。不设沉降缝的砌体，其分段处的高差不得大于4m。砌体水平灰缝应控制在10mm以内。为了达到灰缝平直砂浆饱满和墙面垂直及平整的要求，砌筑时要随时检查，发现偏差及时纠正，保证墙体砌筑质量。对超过五皮砖的砌体，如发现歪斜，不准敲墙砸墙，必须拆除重砌。

3）砌体的解冻。砌体解冻时，由于砂浆的强度接近于零，会增加砌体解冻期间的变形和沉降，其下沉量比常温施工增大 10% ~ 20%。解冻期间，由于砂浆遭冻后强度降低，砂浆与砌体之间的粘结力减弱，致使砌体在解冻期间的稳定性较差。用冻结法砌筑的砌体，在开冻前需进行检查，开冻过程中应组织观测。如发现裂缝、不均匀下沉等情况，应分析原因并立即采取加固措施。在楼板水平面上，墙的拐角处，交接处和交叉处每半砖设置一根 φ6 钢筋拉结。具体做法如图 3-17 所示。

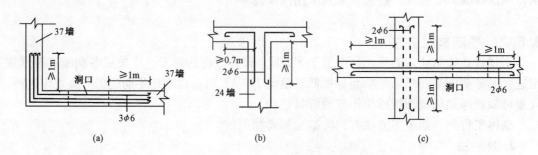

图 3-17　冻结法砌筑拉结平面布置图
（a）墙拐角处；（b）内外墙交接处；（c）墙交接处

在解冻期进行观测时，应特别注意多层房屋下层的柱和窗间墙，梁端支承处、墙交接处和过梁模板支承处等地方。此外，还必须观测砌体沉降的大小、方向和均匀性，砌体灰缝内砂浆的硬化情况。观测一般需 15d 左右。

2. 外加剂法

外加剂法是指掺入一定量外加剂的砌筑砂浆进行砌筑的施工方法。当在砂浆中掺入一定量的盐类外加剂时，盐能使砂浆中的液态水冰点降低，缓遭冻结，负温下的砂浆仍含有液态水，从而使水泥可以充分水化。有些外加剂还可以加速水泥的水化以及在负温下凝结和硬化，既有防冻剂又有早强剂的作用。此法施工简便、造价低、货源易于解决，有抗冻、早强的作用，在我国被广泛采用。

（1）外加剂法的适用范围。我国外加剂品种较多，一般多使用单盐氯化钠或复盐氯化钠、氯化钙，有时也使用亚硝酸钠和碳酸钾，再掺入微沫剂来改善砂浆的和易性、抗冻性。氯盐有锈蚀金属和易受潮等缺点，同时还参与水泥的水化。砂浆中氯盐掺量过少，砂浆的溶液将出现大量的冰结晶体，水泥的水化反应缓慢，甚至停止，早期强度很低。砂浆中氯盐掺量大于 10%，会产生严重的析盐现象；大于 20% 砂浆强度显著下降。大量的氯盐参加水泥水化，在负温下易生成高氯铝酸盐，气温回升时又转化为低氯形式的氯铝酸盐而分离出含水氯化钙，使砂浆体积膨胀，沿灰缝呈现 1 ~ 2mm 厚的松散腐蚀层，与空气接触部分有 1 ~ 2mm 的粉尘，砂浆后期强度下降，影响墙面装饰质量和效果。故对装饰有特殊要求的工程不应采用此法；使用湿度大于 80% 的建筑物也不得使用。此外，经常受 40℃ 以上高温影响的建筑物，接近高压电线的建筑物，配筋、钢埋件无可靠的防腐处理措施的砌体，经常处于地下水位范围内以及在地下未设防水层的结构等均不得使用。其他一般工程均可采用外加剂法施工。

（2）外加剂的配制方法。外加剂溶液配制有两种方法：一是定量浓度的溶液在砂浆搅拌时掺进去，二是先配制高浓度的溶液，使用时稀释到要求的浓度，作为拌合水使用。固体氯化钠加水溶解后，标准溶液的比重以 1.15 为宜，氯化钙的标准溶液比重以 1.18 为宜。最后掺入量应在标准溶液基础上再进行换算。不得随意加水加盐，以防止盐浓度改变。

（3）外加剂法施工要点。

1）拌制砂浆。应采用机械拌制，拌合时间比常温增加 0.5~1 倍。如在砂浆中掺入微末剂时，在拌和砂浆过程中应先加盐溶液拌合，后加入微末剂拌合，防止砂浆塑性损失。

当室外气温低于 -10℃ 时应对原材料进行加热。先将蒸汽直接通入水箱或用铁桶烧水把水加热，当不能满足要求时可用排管、火炕、蒸汽铁板等方法将砂子加热。水泥不能加热，但要保证水泥的温度不低于 0℃。拌制砂浆时，将水和砂子先拌合，然后加入水泥再拌合，砂浆出机温度不宜超过 35℃。当日气温等于或低于 -15℃ 时，砌筑承重砌体的砂浆强度等级比常温施工的规定提高一级。

2）砌筑施工。冬季白天处于正温度条件下的黏土砖工程施工，应适当浇水湿润，其含水率不低于 5%；也可以采用随浇随砌的方法，但湿润程度应均匀。昼夜气温处于负温度的严寒地区，当砌砖时确实无法浇水湿润，则应适当增加砂浆的含水量，其稠度为 70~120mm 为宜。应采用"三一"砌筑法，每皮砖都采用刮浆的操作方法，确保灰缝的饱满程度，以弥补由于干砖吸水而引起砌体强度的降低。

每日砌筑墙体高度不宜超过 1.8m，墙体转角及纵横交接处最好同时砌筑，若要留槎，最好留成长度不小于高度 2/3 的斜槎；转角处除外，若留直槎，必须做成阳槎，每层设 $\phi 6$ 拉结钢筋。砌筑时的砂浆温度不得低于 5℃，砖表面与砂浆的温差不宜超过 30℃。

思考题

1. 皮数杆的作用是什么？怎样安放皮数杆？
2. 砖砌块施工有哪些技术要求？
3. 砌筑工程的安全技术要求有哪些？
4. 脚手架的作用和技术要求有哪些？
5. 钢管扣件式脚手架的主要构件有哪些？
6. 碗扣式钢管脚手架的搭设要点有哪些？
7. 安全网的要求和挂设方法是什么？
8. 垂直运输设施的类型和作用有哪些？
9. 冬期施工对材料有哪些要求？
10. 冬期施工的主要方法有哪些？

第4章 钢筋混凝土工程

知识要点：钢筋混凝土工程包括钢筋工程、模板工程及混凝土工程。其中，混凝土工程又包括普通混凝土工程和预应力混凝土工程。此外，大体积混凝土浇筑也是施工中经常遇到的问题。

4.1 钢 筋 工 程

4.1.1 钢筋的种类与验收

1. 钢筋的分类

钢筋混凝土结构中常用的钢材有钢筋和钢丝两类。钢筋分为热轧钢筋和余热处理钢筋。热轧钢筋分为热轧光圆钢筋和热轧带肋钢筋，热轧带肋钢筋的牌号由 HRB 和牌号的屈服点最小值构成。热轧带肋钢筋分为 HRB335、HRB400、HRB500 三个牌号。光圆钢筋的牌号为 HPB235 和 HPB300。余热处理钢筋的牌号为 RRB400。钢筋按直径大小分为：钢丝（直径 3~5mm）、细钢筋（直径 6~10mm）、中粗钢筋（直径 12~20mm）和粗钢筋（直径大于20mm）。钢丝有冷拔钢丝、碳素钢丝及刻痕钢丝。直径大于 12mm 的粗钢筋一般轧成长度为 6~12m 一根；钢丝及直径为 6~12mm 的细钢筋一般卷成圆盘。此外，根据结构的要求还可采用其他钢筋，如冷轧带肋钢筋、冷轧扭钢筋、热处理钢筋及精轧螺纹钢筋等。

2. 钢筋的进场验收

钢筋运到工地时，应有出厂质量证明书或试验报告单，并按品种、批号及直径分批验收，每批重量为热轧钢筋不超过 60t，钢绞线为 20t。验收内容包括钢筋牌号和外观检查，并按有关规定取样进行机械性能试验，钢筋的性能包括化学成分及力学性能（屈服点、抗拉强度、伸长率及冷弯指标）。

（1）外观检查。应对钢筋进行全数外观检查。检查内容包括钢筋是否平直、有无损伤，表面是否有裂纹、油污及锈蚀等，弯折过的钢筋不得敲直后作受力钢筋使用，钢筋表面不应有影响钢筋强度和锚固性能的锈蚀或污染。

（2）力学性能试验。应按《钢筋混凝土用热轧带肋钢筋》（GB 1499）、《钢筋混凝土用热轧光圆钢筋》（GB 13013）、《钢筋混凝土用余热处理钢筋》（GB 13014）等标准，抽取试件进行力学性能检验，也即进场复验。

4.1.2 钢筋的连接与加工

1. 钢筋的连接

钢筋作为一种大宗建筑材料，在运输时受运输工具的限制，当钢筋直径 $d < 12$mm 时，一般以圆盘形式供货；当直径 $d > 12$mm 时，则以直条形式供货，直条长度一般为 6~

12m，由此带来了混凝土结构施工中不可避免的钢筋连接问题。目前，钢筋的连接方法有机械连接、焊接连接和绑扎连接三类。机械连接由于其具有连接可靠、作业不受气候影响、连接速度快等优点，目前已广泛应用于粗钢筋的连接；焊接连接和绑扎连接是传统的钢筋连接方法，与绑扎连接相比，焊接连接可节约钢材、改善结构受力性能、提高工效、降低成本，目前对直径 $d>28\text{mm}$ 的受拉钢筋和直径 $d>32\text{mm}$ 的受压钢筋已不推荐采用绑扎连接，轴心受拉及小偏心受拉杆件的纵向受力钢筋不得采用绑扎搭接接头。这里仅介绍机械连接和焊接连接。

（1）钢筋机械连接。连接方法有钢筋冷挤压连接、锥形螺纹钢筋连接、活套式组合带肋钢筋和套筒灌浆连接等。机械连接方法具有工艺简单、节约钢材、改善工作环境、接头性能可靠、技术易掌握、工作效率高、节约成本等优点。

（2）钢筋焊接连接。焊接是一项专门技术，要求对焊工进行专门培训，持证上岗；施工受气候、电流稳定性的影响；接头质量不如机械连接可靠。钢筋焊接常用方法有对焊、电阻点焊、电弧焊和电渣压力焊。此外，还有气压焊、埋弧压力焊等。

2. 钢筋的冷加工

为了充分发挥钢材的性能，提高钢筋的强度，节约钢材和满足预应力钢筋的要求，通常需要对钢筋进行冷加工处理。钢筋冷加工方法有冷拉和冷拔两种。

（1）钢筋的冷拉。钢筋的冷拉是将钢筋在常温下进行强力拉伸，使拉力超过屈服点 b，达到图 4-1 所示的 c 点，然后卸荷，由于钢筋产生塑性变形，变形不能恢复，应力应变曲线沿 cO_1 变化，cO_1 大致与 aO 平行，OO_1 即为塑性变形。如卸荷后立即再加载，曲线沿以 $Oc'd'e'$ 变化，并在 c 点出现新的屈服点 c'，该屈服点明显高于冷拉前的屈服点。这是因为在冷拉过程中，钢筋内部的晶体沿着结合力最差的结晶面产生相对滑移，使滑移面上的晶格变形，晶格遭到破碎，构成滑移面的凹凸不平，阻碍晶体的继续滑移，使钢筋内部组织产生变化，从而使得钢筋的屈服点得以提高，这种现象称为"变形硬化"（冷硬）。

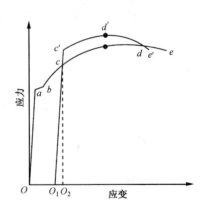

图 4-1　冷拉钢筋
应力—应变图

1）冷拉控制方法。钢筋冷拉控制方法有控制冷拉率法和控制应力法两种。

钢筋冷拉后，长度增加，强度提高，塑性降低，脆性增大。钢筋强度的提高与冷拉率有关，在一定限度内，冷拉率越大，则强度提高越高。但钢筋冷拉后有一定的塑性，有明显的流幅，屈服强度与抗拉强度保持一定比值，使钢筋有一定强度的储备和软钢特性，因此，根据国家标准规定，不同钢筋的冷拉控制应力和最大冷拉率应见表 4-1。由于冷拉钢筋可提高强度、增加长度，因此在混凝土结构工程中可同时完成调直、除锈工作。

2）钢筋冷拉设备。钢筋冷拉设备主要由拉力装置、承力结构、钢筋夹具及测量装置等组成。钢筋冷拉可用卷扬机或千斤顶，千斤顶生产效率较低且易磨损，故宜采用卷扬机；当采用卷扬机冷拉时，其布置方案如图 4-2 所示。

冷拉控制应力及最大冷拉率 表 4-1

钢筋级别	钢筋直径（mm）	冷拉控制应力（N/mm²）	最大冷拉率（%）
I	≤12	480	10.0
II	≤25	450	5.5
	28～40	430	
III	8～40	500	5.0
IV	10～28	700	4.0

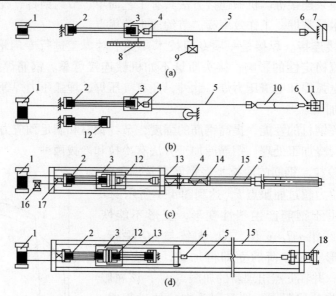

图 4-2　用卷扬机冷拉钢筋设备布置示意图

1—卷扬机；2—滑轮组；3—冷拉小车；4—钢筋夹具；5—钢筋；6—地锚；
7—防护壁；8—标尺；9—回程荷载重架；10—连接杆；11—弹簧测力器；
12—回程滑轮组；13—传力器；14—钢压杆；15—槽式台座；
16—回程卷扬机；17—电子秤；18—液压千斤顶

3）冷拉钢筋的质量要求。冷拉钢筋的质量应符合下列规定：

①应分批进行验收，每批由不大于20t的同级别、同直径冷拉钢筋组成；

②钢筋表面不得有裂纹和局部颈缩，当用作预应力筋时，应逐根检查；

③从每批冷拉钢筋中抽取两根钢筋，每根取两个试样分别进行拉伸和冷弯试验，当有一项试验结果不符合规定时，应另取双倍数量的试样重做各项试验，当仍有一个试样不合格时，则该批冷拉不合格。

（2）钢筋的冷拔。钢筋的冷拔就是使直径为6～8mm的I级钢筋，强制通过钨合金拔丝模，如图4-3所示，反复几次，使钢筋变细变长、强度提高、塑性

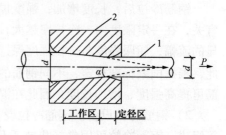

图 4-3　拔丝模构造图

1—钢筋；2—拔丝模

降低。冷拔后的钢筋称为冷拔低碳钢丝。冷拔低碳钢丝呈硬塑性质，塑性降低，没有明显的屈服台阶，但强度显著提高，可提高40%～90%，故能大量节约钢材。

冷拔低碳钢丝分为甲、乙两级。甲级钢丝适用于作预应力筋；乙级钢丝适用于作非预应力筋，如焊接网、焊接骨架、箍筋和构造钢筋等。

1）冷拔工艺。包括：轧头、剥壳、润滑、拔丝四道工序。

2）冷拔钢丝的质量检查。影响钢丝冷拔质量的因素主要是原材料质量和钢筋的总压缩率。

①原材料质量要求。甲级钢丝用于预应力结构，对其要求较高，必须使用满足Ⅰ级钢筋标准的Q235钢盘圆拔制而成。对于钢号不明确、不具备出厂质保书的盘圆，应先抽样检验，各项指标均合格后，方能开始冷拔。

②冷拔总压缩率。冷拔总压缩率是指钢筋由最初的直径拔到成品钢丝后的横截面压缩率，由下式计算：

$$\beta = \left[(d_0^2 - d^2)/d_0^2 \right] \times 100\% \qquad (4-1)$$

式中　β——冷拔总压缩率；

d_0——盘圆钢筋直径；

d——冷拔后钢丝直径。

钢丝的冷拔总压缩率越大，钢丝提高的抗拉强度越高，但其塑性下降也就越明显。为了保证冷拔低碳钢丝强度和塑性的相对稳定，必须控制总压缩率β。一般将冷拔总压缩率控制在$\phi0.4$左右，$\phi5$钢丝宜用$\phi8$盘条拔制，$\phi3$和$\phi4$钢丝宜用$\phi6.5$盘条拔制。

③冷拔次数。冷拔次数需要控制，次数过多会降低设备的工作效率，同时使钢丝变脆，但冷拔次数过少，使得每次拔丝的压缩量过大，也易出现断丝等事故。根据长期经验总结，将下道钢丝直径一般定为上道钢丝直径的0.86～0.9倍，如$\phi8$和$\phi6.5$的钢筋经过3～4次冷拔成$\phi5$或$\phi4$的钢丝，具体施工过程如下：

$$\phi8 \rightarrow \phi7.0 \rightarrow \phi6.3 \rightarrow \phi5.7 \rightarrow \phi5.0$$

$$\phi6.5 \rightarrow \phi5.5 \rightarrow \phi4.6 \rightarrow \phi4.0$$

④冷拔钢丝的检查验收。冷拔低碳钢丝的检查验收应符合下列规定：

a. 逐盘检查外观，钢丝表面不得有裂纹和机械损伤；

b. 甲级钢丝的力学性能应逐盘检验，从每盘钢丝上任一端截去不少于500mm后再取两个试样，分别作拉力和180°反复弯曲试验，并按其抗拉强度确定该盘钢丝的级别；

c. 乙级钢丝的力学性能可分批抽样检验，以同一直径的5t钢丝为一批，从中任取三盘，每盘各截取两个试样，分别作拉力和反复弯曲试验；如有一个试样不合格，应在未取过试样的钢丝盘中，另取双倍数量的试样，再做各项试验；如仍有一个试样不合格，则应对该批钢丝逐盘检验，合格者方可使用。冷拔低碳钢丝的力学性能不得小于表4-2中的规定。

3. 钢筋加工

钢筋加工包括调直、除锈、切断、接长、弯曲等工作。随着施工技术的发展，钢筋加工已逐步实现机械化和工厂化。

（1）钢筋调直。钢筋调直可利用冷拉进行。若冷拉只是为了调直，而不是为了提高钢筋的强度，则调直冷拉率：HPB235级钢筋不宜大于4%，HRB335、HRB400级钢筋不宜大于1%。如果所使用的钢筋无弯钩弯折要求时，调直冷拉率可适当放宽，HPB235级钢筋不大于6%；HRB335、HRB400级钢筋不超过2%。除利用冷拉调直外，粗钢筋还可采用锤直和板直的方法。直径为4~14mm的钢筋可采用调直机进行调直。

冷拔低碳钢丝的力学性能

表4-2

钢丝级别	直径（mm）	抗拉强度（N/mm²）		伸长率δ（%）	180°反复弯曲（次数）
		Ⅰ组	Ⅱ组		
甲级	5	650	600	3.0	4
	4	700	650	2.5	
乙级	3~5	700	650	2.0	4

注：预应力冷拔低碳钢丝经机械调直后，抗拉强度标准值应降低50N/mm²。

（2）钢筋除锈。为了保证钢筋与混凝土之间的握裹力，在钢筋使用前，应将其表面的油渍、漆污、铁锈等清除干净。钢筋的除锈，一是在钢筋冷拉或调直过程中除锈，这对大量钢筋除锈较为经济；二是采用电动除锈机除锈，对钢筋局部除锈较为方便；三是采用手工除锈（用钢丝刷、砂盘）、喷沙和酸洗除锈等。

（3）钢筋切断。钢筋下料时须按下料长度切断。钢筋剪切可采用钢筋切断机或手动切断器。后者一般只用于切断直径小于12mm的钢筋；前者可切断40mm的钢筋；大于40mm的钢筋常用氧乙炔焰或电弧割切或锯断。钢筋的下料长度应力求准确，其允许偏差为±10mm。

（4）钢筋弯曲。钢筋下料后，应按弯曲设备特点及钢筋直径和弯曲角度进行画线，以便弯曲成设计所要求的尺寸。钢筋弯曲成型后，形状、尺寸必须符合设计要求。

4.1.3 钢筋的配料与代换

1. 钢筋的配料

钢筋配料是根据构件配筋图计算所有钢筋的直线下料长度、总根数及钢筋的总重量，并编制钢筋配料单，绘出钢筋加工形状、尺寸，作为钢筋加工的依据。不应发生漏配和多配，最好按结构顺序进行，且将各种构件的每一根钢筋编号。

（1）钢筋下料长度的计算。钢筋切断时的直线长度称为下料长度。

结构施工图中注明的钢筋尺寸是指加工后的钢筋外轮廓尺寸，称为钢筋外包尺寸。钢筋的外包尺寸是由构件的外形尺寸减去混凝土的保护层厚度求得的。混凝土保护层厚度是指受力钢筋外边缘至混凝土构件表面的距离，其作用是保护钢筋在混凝土结构中不受锈蚀，如设计无要求时，应符合表4-3的规定。

由于钢筋弯曲时，外皮伸长而内皮缩短，只是轴线长度不变，而量得的外包尺寸总和要大于钢筋轴线长度，弯曲钢筋的外包尺寸和轴线长之间存在的差值称为量度差值。量度差值在计算下料长度时必须加以扣除，否则，加工后的钢筋尺寸要大于设计要求的外包尺寸，可能无法放入模板内，造成质量问题并浪费钢材。

混凝土保护层厚度（mm） 表4-3

项次	环境与条件	构件名称	混凝土强度等级		
			≤C20	C25 或 C30	≥C35
1	室内正常环境	板、墙、壳梁和柱	15		
			25		
2	露天或室内高湿度环境	板、墙、壳梁和柱	35	25	15
			45	35	25
3	有垫层无垫层	基础	35		
			70		

光圆钢筋为了增加其与混凝土的锚固能力，一般在其两端做成180°的弯钩，而变形钢筋虽与混凝土粘结性能较好，但有时要求应有一定的锚固长度，钢筋末端需作90°弯折，如柱钢筋的下部、箍筋及附加钢筋。直径较小的钢筋有时需做成135°的斜钩。钢筋外包尺寸不包括弯钩的增加长度，因此，钢筋的下料长度应考虑弯钩增加长度。

由以上分析可知，钢筋的下料长度根据其形状不同，由以下公式确定：

直线钢筋下料长度 = 构件长度 + 保护层厚度 + 弯钩增加长度

弯起钢筋下料长度 = 直段长度 + 斜段长度 - 量度差值 + 弯钩增加长度

箍筋下料长度 = 直段长度 + 弯钩增加长度 - 量度差值

以上钢筋若需搭接，还应增加钢筋搭接长度，受拉及受压钢筋绑扎接头的搭接长度应符合相关规范的规定。

（2）配料计算的注意事项。

1）在设计图纸中，钢筋配置的细节问题没有注明时，一般可按构造要求处理；

2）配料计算时，要考虑钢筋的形状和尺寸，在满足设计要求的前提下，要有利于加工和安装；

3）配料时，还要考虑施工需要的附加钢筋。

【例4-1】某建筑物第一层楼共有5根L1梁，梁的配筋如图4-4所示，试编制L1梁的钢筋配料单。

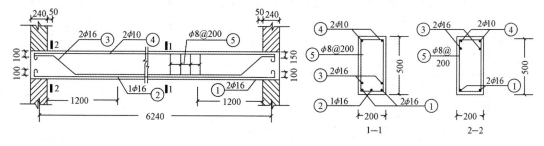

图4-4 L1梁配筋详图

【解】①号钢筋：

梁端头保护层厚 C 为25mm，则钢筋外包尺寸 = 6240 + 240 + 2 × 100 - 2 × 25 = 6630（mm）

下料长度 $= 6630 + 2 \times 6.25d - 2 \times 2d$

$\qquad = 6630 + 2 \times 6.25 \times 16 - 2 \times 2 \times 16 = 6766(\text{mm})$

②号钢筋：

下料长度 $= (6240 - 2 \times 120 - 2 \times 1200) + 2 \times 6.25d$

$\qquad = 3600 + 2 \times 6.25 \times 16 = 3800(\text{mm})$

③号钢筋：弯起角度为45°。

两端直段长度 $= 240 + 50 - 25 = 265(\text{mm})$

弯起高度 $h = $ 梁高 $- 2C - 16 - 10 - 2 \times 25 = 500 - 2 \times 25 - 16 - 10 - 2 \times 25 = 374(\text{mm})$

弯起斜段长度：$1.41h = 1.41 \times 374 = 527(\text{mm})$

中间直段长度 $= 240 + 240 - 2 \times 25 - 2 \times 265 - 2 \times 374 = 5152(\text{mm})$

下料长度 $= (2 \times 265 + 5152 + 2 \times 527 + 2 \times 150) + 2 \times 6.25d - 4 \times 0.5d - 2 \times 2d$

$\qquad = 7036 + 2 \times 6.25 \times 16 - 4 \times 0.5 \times 16 - 2 \times 2 \times 16 = 7140(\text{mm})$

④号钢筋：外包尺寸与①号钢筋相同。

下料长度 $= 6630 + 2 \times 6.25d - 2 \times 2d$

$\qquad = 6630 + 2 \times 6.25 \times 10 - 2 \times 10 = 6715(\text{mm})$

⑤号箍筋：

宽度外包尺寸 $= 200 - 2 \times 25 + 2 \times 8 = 166(\text{mm})$

长度外包尺寸 $= 500 - 2 \times 25 + 2 \times 8 = 466(\text{mm})$

下料长度 $= 2 \times (166 + 466) + 50 = 1314(\text{mm})$

L1梁的钢筋配料单见表4-4。

L1梁的钢筋配料单 表4-4

构件名称	钢筋编号	简图	钢号	直径（mm）	下料长度（mm）	单位根数	合计根数	重量（kg）
某层楼 L1 梁 （共5根）	①	100 ⌐‾6430‾⌐ 100	φ	16	6766	2	10	106
	②	3600	φ	16	3800	1	5	30
	③	150 265 527 5152 527 265 150	φ	16	7140	2	10	112
	④	100 6430 100	φ	10	6715	2	10	42
	⑤	466 166	φ	8	1314	33	165	85
	合计	φ8：85kg；φ10：42kg；φ16：248kg 总重：375kg						

由于钢筋的配料既是钢筋加工的依据，同时也是签发工程任务单和限额领料的依据。

故配料计算时要仔细，计算完成后还要认真复核。

为了加工方便，根据配料单上的钢筋编号，分别填写钢筋料牌，如图4-5所示，作为钢筋加工的依据。加工完成后，应将料牌系于钢筋上，以便绑扎成型和安装过程中识别。注意：料牌必须准确无误，以免返工浪费。

2. 钢筋的代换

施工中如供应的钢筋品种和规格与设计图纸要求不符时，可以进行代换。但代换时，必须充分了解设计意图和代换钢材的性能，严格遵守规范的各项规定。对拉裂性要求高的构件，不宜用光面钢筋代换变形钢筋；钢筋代换时不宜改变构件中的有效高度；凡属重要的结构和预应力钢筋，在代换时应征得设计单位同意，代换后的钢筋用量不宜大于原设计用量的5%，亦不低于2%，且应满足《混凝土结构设计规范》（GB 50010）规定的最小钢筋直径、根数、钢筋间距、锚固长度等要求。

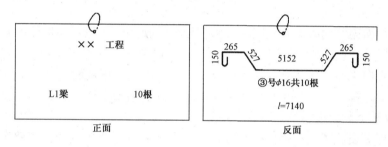

图4-5 钢筋料牌

（1）钢筋代换方法。钢筋代换方法有三种：

1）当结构构件是按强度控制时，可按强度等同原则代换，称"等强代换"。即：

$$n_2 \geqslant \frac{n_1 d_1^2 f_{y1}}{d_2^2 f_{y2}} \tag{4-2}$$

式中　d_1、n_1、f_{y1}——分别为原设计钢筋的直径、根数和设计强度；

　　　d_2、n_2、f_{y2}——分别为拟代换钢筋的直径、根数和设计强度。

2）当构件按最小配筋率控制时，可按钢筋面积相等的原则代换称"等面积代换"。即：

$$A_{s1} = A_{s2} \tag{4-3}$$

式中　A_{s1}——原设计钢筋的计算面积；

　　　A_{s2}——拟代换钢筋的计算面积。

3）当结构构件按裂缝宽度或挠度控制时，钢筋的代换需进行裂缝宽度或挠度验算。

钢筋代换后，有时由于受力钢筋直径加大或根数增多，而需要增加排数，则构件截面的有效高度 h 减小，截面强度降低，此时，需复核截面强度。对矩形截面的受弯构件，可根据弯矩相等，按下式复核截面强度：

$$N_2\left(h_{02} - \frac{N_2}{2\alpha_1 f_c b}\right) \geqslant N_1\left(h_{01} - \frac{N_1}{2\alpha_1 f_c b}\right) \tag{4-4}$$

式中　N_1——原设计钢筋拉力；

　　　N_2——代换钢筋拉力；

h_{01}、h_{02}——代换前后钢筋的合力点至构件截面受压边缘的距离（即构件截面的有效高度）；

f_c——混凝土的轴心抗压强度设计值；

b——构件截面宽度；

α_1——系数，当混凝土强度等级不超过 C50 时，取为 1.0，当混凝土强度等级为 C80 时，取为 0.94，其间按线性内插法确定。

（2）钢筋代换注意事项。钢筋代换应注意以下事项：

1）对某些重要构件，如吊车梁、薄腹梁、桁架下弦等，不宜用 HPB235 级钢筋代换 HRB335 和 HRB400 级钢筋。

2）有抗震要求的梁、柱和框架，不宜用强度等级较高的钢筋代换原设计钢筋。

3）钢筋代换后，应满足配筋构造规定，如钢筋的最小直径、间距、根数、锚固长度等。

4）同一截面内可同时配有不同种类和直径的代换钢筋，但每根钢筋的直径差不应过大（如同品种钢筋的直径差值一般不大于 5mm），以免构件受力不均。

5）梁的纵向受力钢筋与弯起钢筋应分别代换，以保证正截面与斜截面强度。

6）偏心受压构件（如框架柱、有吊车的厂房柱、桁架上弦等）或偏心受拉构件钢筋代换时，不取整个截面配筋量计算，应按受力面（受压或受拉）分别代换。

7）当构件受裂缝宽度和挠度控制时，代换后应进行裂缝宽度和挠度验算。但以小直径钢筋代换大直径钢筋、强度等级低的钢筋代换强度等级高的钢筋，则可不作裂缝宽度验算。

4.1.4 钢筋的绑扎与安装

钢筋混凝土的浇捣过程中，为了使钢筋不发生变形和位移，充分发挥钢筋在混凝土中的作用，必须采用绑扎或焊接的方法，将不同形状的若干单根钢筋组合成钢筋网片或骨架。钢筋网片、骨架的制作方法有预制法和现场绑扎法两种。钢筋网片和骨架绑扎成型，简便易行，是土木工程中普遍采用的方法。

1. 钢筋网片、骨架制作前的准备工作

钢筋网片、骨架制作成型的正确与否，直接影响结构构件的受力性能，因此，必须重视并妥善组织这一技术工作。

（1）熟悉施工图纸。要明确各单根钢筋的形状及各个细部的尺寸，确定各类结构的绑扎程序，如发现图纸中有错误或不当之处，应及时与设计单位联系协同解决。

（2）核对钢筋配料单及料牌。熟悉施工图纸的同时，应核对钢筋配料单和料牌，并根据配料单和料牌核对钢筋半成品的钢号、形状、直径和规格数量是否正确，有无错配、漏配及变形，如发现问题，应及时整修增补。

（3）工具、附件的准备。绑扎钢筋用的工具和附件主要有扳手、铁丝、小撬棒、马架、画线尺等，还要准备水泥砂浆垫块或塑料卡等保证保护层厚度的附件以及钢筋撑脚或混凝土撑脚等保护钢筋网片位置正确的附件等。

绑扎钢筋的铁丝一般采用 20～22 号铁丝或镀锌铁丝，其中 22 号铁丝只用于绑扎直径 12mm 的钢筋。

水泥砂浆垫块的厚度应等于保护层厚度。垫块的平面尺寸：当保护层厚度等于或小于20mm时为30mm×30mm，大于20mm时为50mm×50mm；当在垂直方向使用垫块时，可在垫块中埋入20号铁丝，以便将垫块捆绑在钢筋上；水泥砂浆垫块呈梅花形均匀交错布置。塑料卡的形状有两种：塑料垫块和塑料环圈。塑料垫块在两个方向均有凹槽，能适应两种保护层厚度，用于水平构件（如梁、板）；塑料环圈用于垂直构件（如柱、墙）。

（4）画钢筋位置线。平板或墙板的钢筋，在模板上画线；柱的箍筋，在两根对角线主筋上画点；梁的箍筋，在架立筋上画点；基础的钢筋，在两向各取一根钢筋上画点或在固定架上画线。钢筋接头的画线，应根据到料规格，结合规范对有关接头位置、数量的规定，使其错开并在模板上画线。

（5）研究钢筋安装顺序，确定施工方法。在熟悉施工图纸的基础上，要仔细研究钢筋安装的顺序，特别是在比较复杂的钢筋安装工程中，应先确定每根钢筋穿插就位的顺序，并结合现场实际情况和技术工人的水平以减少绑扎困难。

2. 钢筋网片、骨架的制作与安装

（1）钢筋网片、骨架的钢筋搭接长度。

1）当纵向受拉钢筋的绑扎搭接接头面积百分率不大于25%时，其最小搭接长度应符合表4-5的规定。搭接接头面积百分率按同一连接区段计算，《混凝土结构设计规范》（GB 50010）规定，同一连接区段为1.3L（L为搭接长度），接头面积百分率是该连接区段内搭接钢筋的面积与全部钢筋面积的比值。

纵向受拉钢筋的最小搭接长度

表4-5

钢 筋 种 类	混凝土强度等级			
	C15	C20~25	C30~C35	≥C40
HPB235、HPB300级光圆钢筋	45d	35d	30d	35d
HRB335级带肋钢筋	55d	45d	35d	30d
HRB400级带肋钢筋	—	55d	40d	35d

2）当纵向受拉钢筋搭接接头面积百分率大于25%，但不大于50%时，其最小搭接长度应按规范规定的数值乘以系数1.4取用；当接头面积百分率大于50%时，应按规范规定的数值乘以系数1.6取用。

3）当符合下列条件时，纵向受拉钢筋的最小搭接长度应根据上述两项规定确定，并按下列规定进行修正：

a. 当带肋钢筋的直径大于25mm时，其最小搭接长度应按相应数值乘以系数1.1取用；

b. 对环氧树脂涂层的带肋钢筋，其最小搭接长度应按相应数值乘以系数1.25取用；

c. 当在混凝土凝固过程中受力钢筋易受扰动时（如滑模施工），其最小搭接长度按相应数值乘以系数1.1取用；

d. 对末端采用机械锚固措施的带肋钢筋，其最小搭接长度可按相应数值乘以系数0.7取用；

e. 当带肋钢筋的混凝土保护层厚度大于搭接钢筋直径的 3 倍且配有箍筋时，其最小搭接长度可按相应数值乘以系数 0.8 取用；

f. 对有抗震设防要求的结构构件，其受力钢筋的最小搭接长度对一、二级抗震等级应按相应数值乘以系数 1.15 取用；对三级抗震等级应按相应数值乘以系数 1.05 取用。

在任何情况下，受拉钢筋的搭接长度不应小于 300mm。

4）纵向受压钢筋搭接时，其最小搭接长度应根据上述三项的规定确定相应数值后，再乘以系数 0.7 取用；在任何情况下，受压钢筋的搭接长度不应小于 200mm。

5）在受力钢筋搭接长度范围内，必须按设计要求配置箍筋，当设计无明确要求时，应符合下列规定：

a. 箍筋直径不应小于 $0.25d$，d 为搭接钢筋的较大直径；

b. 受拉搭接区段，箍筋间距不应大于 $5d$，且不应大于 100mm，d 为搭接钢筋的较小直径；

c. 受压搭接区段，箍筋间距不应大于 $10d$，且不应大于 200mm，d 为搭接钢筋的较小直径；

d. 当柱中纵向受力钢筋直径大于 25mm 时，应在搭接接头两个端面外 100mm 范围内各设置两个箍筋，其间距宜为 50mm。

6）焊接钢筋骨架和焊接钢筋网片采用绑扎搭接连接时，接头不宜设置在受力较大处。

焊接钢筋骨架和焊接钢筋网片在受力方向的搭接长度不应小于表 4-5 中相应数值的 0.7 倍，且在受拉区不得小于 250mm，在受压区不宜小于 200mm，焊接钢筋网片在非受力方向的搭接长度不宜小于 100mm。

（2）钢筋网片、骨架的预制与安装。预制钢筋网片和钢筋骨架应根据结构配筋特点及起重运输能力来分段，一般钢筋网片的分块面积为 $6 \sim 24m^2$，钢筋骨架分段长度为 $6 \sim 12m$。为了防止钢筋网片、骨架在运输和安装过程中发生歪斜变形，应采取临时加固措施。钢筋网片和骨架的吊点应根据其尺寸、重量、刚度来确定。宽度大于 1m 的水平钢筋网片采用四点起吊；跨度小于 6m 的钢筋骨架采用两点起吊；跨度大、刚度差的钢筋骨架应采用横吊梁四点起吊。

（3）钢筋网片、骨架的现场制作与安装。由于受到钢筋网片、骨架运输条件和变形控制的限制，多采用现场进行绑扎安装钢筋的方法。现场绑扎安装钢筋时，要根据不同构件的特点和现场条件，确定绑扎顺序，如厂房柱，一般是先绑下柱，再绑牛腿，后绑上柱；桁架，一般是先绑腹杆，再绑上、下弦，后绑结点；在框架结构中是先绑柱，其次是主梁、次梁、边梁，最后是楼板钢筋。

1）基础钢筋。钢筋网的绑扎：四周两行钢筋交叉点应每点扎牢，中间部分交叉点可相隔交错扎牢，但必须保证受力钢筋不发生位移。双向主筋的钢筋网，则须将全部钢筋相交点扎牢。绑扎时应注意相邻绑扎点的铁丝扣要成八字形，以免网片歪斜变形。

基础底板采用双层钢筋网时，在上层钢筋网下面应设置钢筋撑脚或混凝土撑脚，以保证钢筋位置正确。钢筋撑脚每隔 1m 放置一个，其直径选用：当板厚 $h \leqslant 300$mm 时为 $8 \sim 10$mm，当板厚 $h = 300 \sim 500$mm 时为 $12 \sim 14$mm，当 $h > 500$mm 时为 $16 \sim 18$mm。钢筋的弯钩应朝上，双层钢筋网的上层钢筋弯钩应朝下，不要倒向一边。独立柱基础受力为双向弯曲，其底面长边钢筋应放在短边钢筋的下面。现浇柱与基础连接用的插筋，其箍筋应比柱的箍筋缩小一个柱筋直径，以便连接；插筋位置一定要固定牢靠，以免造成柱轴线偏移。

2）柱钢筋。先将插筋上的锈皮、水泥浆等污垢清扫干净，并整理调直插筋。按事先计算好的箍筋数量将箍筋套在基础或楼层顶板插筋上，然后立柱的四角主筋并与插筋扎牢，再立其余主筋。每根柱钢筋与插筋绑扎不得少于两扣箍筋，绑扎扣要向内，便于箍筋向上移动。在立好的柱钢筋上画线，将箍筋依线往上移动，由上往下宜采用缠扣绑扎，箍筋与主筋垂直，箍筋转角与主筋的交点均要绑扎，主筋与箍筋平直部分的相交点成梅花形交错绑扎，各箍筋的接头即弯钩重合处，应沿柱子竖向交错布置。框架梁、牛腿及柱帽等的钢筋，应放在柱的纵向钢筋内侧。柱钢筋的绑扎，应在模板安装前进行。

3）梁、板钢筋。梁、板钢筋绑扎时应防止水电管线将钢筋抬起或压下，纵向受力钢筋采用双层排列时，两排钢筋之间应垫以直径≥25mm 的短钢筋，以保持其净距离。箍筋的接头（弯钩叠合处）应交错布置在两根架立筋上，其余同柱。板的钢筋网绑扎与基础相同，但应注意板上部的负筋，要防止被踩下，特别是雨篷、挑檐、阳台等悬臂板，要严格控制负筋位置，以免拆模后这些构件断裂。板、次梁与主梁交叉处，板的钢筋在上，次梁的钢筋居中，主梁的钢筋在下。当有圈梁或垫梁时，主梁的钢筋在上。框架节点处钢筋穿插十分稠密时，应特别注意梁顶面主筋间的净距要保证30mm，以便于浇筑混凝土。梁钢筋的绑扎与模板安装之间的配合关系：当梁的高度较小时，梁的钢筋架空在梁顶上绑扎，然后再落位；当梁的高度较大（≥1.2m）时，梁的钢筋宜在梁底模上绑扎，其两侧模或一侧模后装。

4）墙钢筋。采用双层钢筋网时，在两层钢筋之间应设置撑铁，以固定钢筋间距，撑铁可用直径 6～10mm 的钢筋制成，按 1m 左右间距相互错开布置。墙的钢筋网片绑扎同基础，钢筋的弯钩应朝内墙（包括水塔壁、烟囱筒身、池壁等）的垂直钢筋每段长度不宜超过4m（钢筋直径 $d \leqslant 12mm$）或6m（直径 $d \geqslant 12mm$），水平钢筋每段长度不宜超过8m，以利于绑扎。墙的钢筋，可在基础钢筋绑扎后、浇筑混凝土前插入基础内。

3. 钢筋网片、骨架的验收

钢筋网片、骨架绑扎安装完毕后，浇筑混凝土前应进行验收，并作好隐蔽工程记录。检查的内容主要有以下几方面：

（1）钢筋的级别、直径、根数、间距、位置和预埋件的规格、位置、数量是否与设计图相符，要特别注意悬挑结构，如阳台、挑梁、雨棚等的上部钢筋位置是否正确，浇筑混凝土时是否会被踩下。

（2）钢筋接头位置、数量、搭接长度是否符合规定。

（3）钢筋绑扎是否牢固，钢筋表面是否清洁，有无污物铁锈等。

（4）混凝土保护层是否符合要求等。

（5）钢筋工程属于隐蔽工程，在浇筑混凝土前应对钢筋及预埋件进行验收，并做好隐蔽工程记录，以便查证。

4.2 模 板 工 程

模板工程是指混凝土浇筑成型用的模板及其支架的设计、安装、拆除等技术工作和完成实体的总称。

模板在现浇混凝土结构施工中使用量大面广，每 $1m^3$ 混凝土工程模板用量高达 4 ~ $5m^2$，其工程费用占现浇混凝土结构造价的 30% ~ 35%，劳动用工量占 40% ~ 50%。模板工程在混凝土结构工程中占有举足轻重的地位，对施工质量、安全和工程成本有着重要影响。

4.2.1 模板的基本要求与分类

1. 模板系统的基本要求

现浇混凝土结构施工用的模板要承受混凝土结构施工过程中的水平荷载（混凝土的侧压力）和竖向荷载（模板自重、结构材料的重量和施工荷载等），为了保证钢筋混凝土结构施工的质量，对模板及其支架有如下要求：

(1) 保证工程结构和构件各部分形状、尺寸和相互位置正确。

(2) 具有足够的强度、刚度和稳定性，能可靠地承受新浇混凝土的重量和侧压力，以及在施工过程中所产生的荷载。

(3) 构造简单，装拆方便，并便于钢筋的绑扎与安装，符合混凝土的浇筑及养护等工艺要求。

(4) 模板接缝应严密，不漏浆。

2. 模板的分类

(1) 按其所用的材料不同，模板分为木模板、钢模板和其他材料模板（胶合板模板、塑料模板、玻璃钢模板、铝合金模板、压型钢模、钢木（竹）组合模板、装饰混凝土模板、预应力混凝土薄板等）。

(2) 按施工方法不同，模板分为拆移式模板和活动式模板。拆移式模板由预制配件组成，现场组装，拆模后稍加清理和修理再周转使用，常用的木模板和组合钢模板以及大型的工具式定型模板如大模板、台模、隧道模等皆属拆移式模板；活动式模板是指按结构的形状制作成工具式模板，组装后随工程的进展而进行垂直或水平移动，直至工程结束才拆除，如滑升模板、提升模板、移动式模板等。

(3) 按结构类型不同，模板分为基础模板、柱模板、梁模板、楼板模板、楼梯模板、墙模板、壳模板、烟囱模板、桥梁墩台模板等。

4.2.2 模板的构造与安装

1. 组合模板

组合钢模板是由一定模数的板块、角模、连接件和支承件组成，组合模板的板块主要有钢模板和钢框木（竹）胶合板模板等，钢框木（竹）胶合板模板的基本型号和尺寸与组合钢模板相似，只是由于自重较轻、尺寸大、拼缝少，因此，拼装和拆除效率高，浇出的混凝土表面平整光滑。钢框木（竹）胶合板的转角模板和异形模板一般由钢材压制而成，其配件与组合钢模板相同。

组合模板具有通用性，拼装灵活，能满足大多数构件几何尺寸的要求。使用时，仅需根据构件的尺寸选用相应规格尺寸的定型模板加以组合即可。

常用的组合模板有钢定型模板和钢木定型模板等。

（1）钢定型模板与连接件。钢组合模板由边框、面板和横肋组成，面板用厚度为2.3mm、2.4mm、2.5mm的钢板，边框及肋用55mm×2.8mm的扁钢，边框开有连接孔。钢组合模板主要类型有平面模板、阳角模板、阴角模板和连接模板，如图4-6所示。

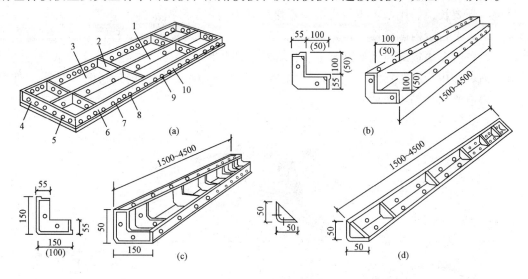

图4-6　钢模板类型

（a）平面模板；（b）阳角模板；（c）阴角模板；（d）连接模板

1—中纵肋；2—中模肋；3—面板；4—横肋；5—插销孔；6—纵肋；7—凸棱；
8—凸鼓；9—形卡孔；10—钉子孔

组合钢模板的连接件主要有U形卡、L形插销、钩头螺栓、紧固螺栓、对拉螺栓和扣件等。模板的拼接均用U形卡，相邻模板的U形卡安装距离一般不大于300mm，即每隔一孔卡插一个。L形插销插入钢模板端部横肋的插销孔内，增强两相邻模板接头处的刚度和保证接头处板面平整；钩头螺栓用于钢模板与内外钢楞的连固；紧固螺栓用于紧固内外钢楞；对拉螺栓用于连接墙壁两侧模板。

（2）支承件。组合钢模板的支承件包括卡具、柱箍、钢桁架、支柱等。梁钢管卡具可将梁侧模固定在底模上，此时，卡具安装在梁下部；也可以用于梁侧模上口的卡具固定，此时，卡具安装在梁上方。

角钢柱箍由两根互相焊成直角的角钢组成，用弯角螺栓及螺母拉紧，也可用60×5扁钢制成扁钢柱箍，或槽钢柱箍。

钢桁架作为梁模板的支撑工具可取代梁模板下的支柱。跨度小、荷载小时，桁架可用钢筋焊成；跨度或荷载较大时，可用角钢或钢管制作，可以先将钢桁架制成两个半榀，再拼装成整体。

常用的支柱有两种：一种是采用可以伸缩的钢管支柱（琵琶撑），由内外两节钢管组成，高度变化范围为1.3～3.6m，每档调节高度为100mm；另一种是用钢管扣件拼成井字形架，再与桁架结合，适用于层高高、跨度大的情况。

（3）组合钢模板的构造及安装。

1）基础模板。基础的特点是高度小而体积较大。如土质良好，阶梯形基础的最下一级可不用模板而进行原槽浇筑。安装阶梯形基础模板时，要保证上、下模板不发生相对位移，如有杯口，还要在其中放入杯口模板。阶梯形基础所选钢模板的宽度最好与阶梯高度相同，若阶梯高度不符合钢模板宽度的模数，剩下不足 50mm 宽度部分可加镶木板。上台阶外侧模板要长，需用两块模板拼接，拼接处除用两根 I 形插销外，上下可加扁钢并用 U 形卡连接；上台阶内侧模板长度应与阶梯等长，与外侧模板拼接处上下应加 T 形扁钢板连接；上台阶钢模板的长度最好与下阶梯等长，四角用连接角模拼接，若无合适长度的钢模板，则可选用长度较长的钢模板，转角处用 T 形扁钢板连接，剩余长度可顺序向外伸出，其构造要求如图 4-7 所示。

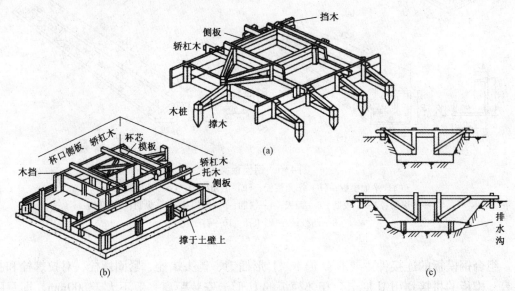

图 4-7 基础模板
（a）阶形基础；（b）杯形基础；（c）条形基础

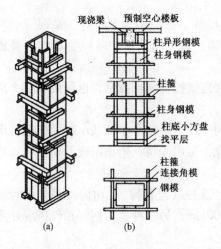

图 4-8 柱模板
（a）木模板；（b）钢模板

在安装基础模板前，应将地基垫层的标高及基础中心线先行核对，弹出基础边线。如为独立柱基，则将模板中心线对准基础中心线；如为带形基础，则将模板对准基础边线，然后再校正模板上口的标高，使之符合设计要求，经检查无误后将模板钉（卡、拴）牢撑稳。

2）柱模板。柱模板由四块拼板围成，每块拼板由若干块钢模板组成，柱模四角由连接模板连接。柱顶梁缺口用钢模板组合往往不能满足要求，可在梁底标高以下用钢模板，以上与梁模板接头部分用木板镶拼。其构造要求如图 4-8 所示。

在安装柱模板前，应先绑扎好钢筋，同时在基础面上或楼面上弹出纵横轴线和四周边线；然后立模板，并用临时斜撑固定；再由顶部用锤球校正，检查其标高位置无误后，即用斜撑卡牢固定。柱高≥4m时，一般应四面支撑；当柱高超过6m时，不宜单根柱支撑，宜几根柱同时支撑连成构架。对通排柱模板，应先装两端柱模板，校正固定，再在柱模板上口拉通长线校正中间各柱模板。

3）梁及楼板模板。肋形楼盖采用组合钢模板时，梁及楼板模板是整体支设，如图4-9所示。

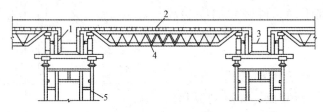

图4-9 梁及楼板模板
1—梁模板；2—楼板模板；3—对拉螺栓；
4—伸缩式桁架；5—门式支架

梁的特点是跨度较大而宽度一般不大。梁高可达1m以上，工业建筑有的高达2m以上。梁的下面一般是架空的，因此，混凝土对梁模板有横向侧压力，又有垂直压力，这要求梁模板及其支撑系统具有足够的强度、刚度和稳定性，不致超过规范允许的变形。

对圈梁，由于其断面小但很长，一般除窗洞口及其他个别地方是架空外，其他均搁置在墙上，故圈梁模板主要是由侧模和固定侧模用的卡具所组成。底模仅在架空部分使用，如架空跨度较大，也可用支柱（琵琶撑）撑住底模。

梁模板应在复核梁底标高，校正轴线位置无误后进行安装。当梁的跨度≥4m时，应使梁底模中部略为起拱，以防止由于浇筑混凝土后跨中梁底下垂，如设计无规定时，起拱高度宜为全跨长度的1‰~3‰；支柱（琵琶撑）安装时应先将其下土面夯实，放好垫板（保证底部有足够的支撑面积）和楔子（校正高度），支柱间距应按设计要求，当设计无要求时，一般不宜大于2m，支柱之间应设水平拉杆、剪力撑，使之互相拉撑成一整体，离地面500mm设一道，以上每隔2m设一道；当梁底地面高度大于6m时，宜搭排架支模，或满堂脚手架支撑；上下层模板的支柱，一般应安装在同一条竖向中心线上，或采取措施保证上层支柱的荷载能传递在下层的支撑结构上。防止压裂下层构件。梁较高或跨度较大时，可留一面侧模，待钢筋绑扎完后再安装。

梁底模板与两侧模板用连接角模连接；侧模板与楼板模板则用阴角模板连接；楼板模板由平面钢模板拼装而成，其周边用阴角模板与梁或墙模板连接。

板的特点是面积大而厚度一般不大，因此，横向侧压力很小，板模板及其支撑系统主要用于抵抗混凝土的垂直荷载和其他施工荷载，保证板不变形下垂。板模板安装时，首先复核板底标高，搭设模板支架，然后用阴角模板从四周与墙、梁模板连接再向中央铺设。为方便拆模，木模板宜在两端及接头处钉牢，中间尽量少钉或不钉，钢模板拼缝处采用U形卡即可，支柱底部应设长垫板及木楔找平。挑檐模板必须撑牢拉紧，防止向外倾覆，确保安全。

4）墙模板。墙模板的每片大模板由若干平面钢模板拼成，这些平面模板可以横拼也可以竖拼，外面用横、竖钢楞加固，并用斜撑保持稳定，如图4-10所示。

墙体的特点是高度大而厚度小，其模板主要承受混凝土的侧压力，因此，必须加强墙体模板的刚度，并设置足够的支撑，以确保模板不变形和发生位移。

墙体模板安装时，要先弹出中心线和两边线，选择一边先装，设支撑，在顶部用线锤吊直，拉线找平后支撑固定；待钢筋绑扎好后，墙基础清理干净，再竖立另一边模板。为了保证墙体的厚度，墙板内应加撑头或对拉螺栓。

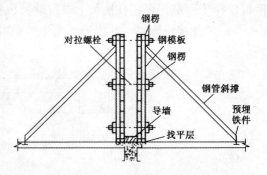

图 4-10　钢模板墙模

5）楼梯模板。组合钢模板构成的楼梯模板由梯段底模、梯板侧板、梯级侧板和梯级模板组成，如图 4-11 所示。梯段底模和梯板侧模用平面钢模板拼成，其上、下端与楼梯梁连接部分可用木模板镶拼；梯级侧模可根据梯级放样图用薄钢板拼成，用 U 形卡固定于梯板侧板上；梯级模板则插入槽钢口内，用木楔固定。

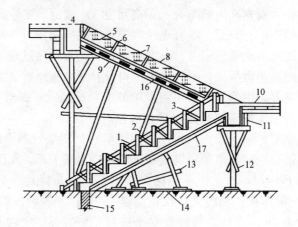

图 4-11　板式楼梯模板示意图

1—扶梯基；2—斜撑；3—木吊；4—楼面；5—外帮侧板；6—木挡；
7—踏步侧板；8—挡木；9—格栅；10—休息平台；11—托木；12—琵琶撑；
13—牵杆撑；14—垫板；15—基础；16—楼段底模；17—梯级模板

楼梯楼板施工前应根据设计放样，先安装平台梁及基础模板，再安装楼梯斜梁或楼梯底模板，然后安装楼梯外帮侧板。外帮侧板应先在其内侧弹出楼梯底板厚度线，用套板画出踏步侧板位置线，钉好固定踏步侧板的挡木，在现场安装侧板。梯步高度要均匀一致，特别要注意每层楼梯最下一步及最上一步的高度，必须考虑到楼地面层粉刷厚度，防止由于粉刷厚度不同而形成梯步高度不协调。

2. 钢框定型模板

钢框定型模板由钢边框与面板拼制。钢边框为 L40×4 的角钢；木面材料有短料木板、胶合板、竹塑板、复合纤维板、蜂窝纸板等，表面应做防水处理，制作时板面要与边框做平，尺寸一般为 1000mm×500mm。钢木模板具有如下特点：自重轻（比钢模板约轻 1/3），用钢量少（比钢模板约少 1/2），单块模板比同重单块模板增大 40% 的面积，故拼装工作量小，拼缝少；板面材料的热传导率仅为钢模板的1/400左右，故保温性好，有利于冬期施工；模板维修方便。但刚度、强度较钢模板差。

4.2.3 模板设计

定型模板和常用的模板拼板，在其适用范围内一般不需进行设计或验算。但对于一些特殊结构、新型体系的模板，或超出适用范围的模板则应进行设计和验算。

模板系统的设计，包括选型、选材、荷载计算、结构计算、拟定制作安装和拆除方案及绘制模板图等。模板及其支架的设计应根据工程结构形式、荷载大小、地基土类别、施工设备和材料供应等条件进行。

1. 模板设计原则与步骤

（1）设计的主要原则

1）要保证构件的形状尺寸及相互位置的正确。

2）要使模板有足够的强度、刚度和稳定性，能够承受新浇混凝土的重量和侧压力，以及各种施工载荷，变形不大于2mm。

3）力求构造简单、装拆方便，不妨碍钢筋绑扎，保证混凝土浇筑时不漏浆。

4）配制模板应优先选用通用的、大块的模板，使其种类和块数及木模镶拼量最少。

5）模板长向拼接宜采用错开布置，以增加模板的整体刚度；当拼接集中布置时，应使每块模板有两处钢楞支承。

6）内钢楞应垂直模板长度方向布置，直接承受模板传来的荷载；外钢楞应与内钢楞互相垂直，用来承受内钢楞传来的荷载或用以加强模板结构的整体刚度和调整平直度，其规格不得小于内钢楞。

7）对拉螺栓和扣件应根据计算配置，并应采取措施减少钢模板上的钻孔。

8）支承柱应有足够的强度和稳定性，一般节间长细比宜小于110，安全系数 $K > 3$。

（2）设计步骤

1）根据施工组织设计对施工区段的划分、施工工期和流水作业的安排，应先明确需要配制模板的层段数量。

2）根据工程情况和现场施工条件决定模板的组装方法，如现场是散装散拆，还是预拼装；支撑方法是采用钢楞支撑，还是采用桁架支撑等。

3）根据已确定配模的层段数量，按照施工图纸中梁、柱、墙、板等构件尺寸，进行模板组配设计。

4）进行夹箍和支撑件等的设计计算和选配工作。

5）明确支撑系统的布置、连接和固定方法。

6）确定预埋件的固定方法、管线埋设方法以及特殊部位（如预留孔洞）的处理方法。

7）根据所需钢模板、连接件、支撑及架设工具等列出统计表，以便于备料。

2. 模板的选材、选型

模板材料从土模、砖模、木模、钢模等单一材质向钢木组合模、钢竹胶合板组合模、新型玻璃钢模等复合材料逐步发展。应根据各地的特点和工程具体情况，因地制宜地选择模板材料。现阶段我国木材资源紧缺、竹材资源十分丰富，以竹代钢、以竹代木是模板材料的发展趋势，应大力提倡采用竹胶板模板、钢框竹胶合板模板、人造板模板等。

模板型式主要根据混凝土结构的特点和施工方法选择。如对高层或多层建筑现浇楼板，宜采用大幅面的胶合板或纤维板；对墙、柱宜选用钢框胶合板为面板的工具式模板；对井字梁和密肋楼盖选用塑料模板或永久性砂浆模板可加快施工进度、减少工程费用等。

3. 荷载及荷载组合

在设计和验算模板、支架时，应考虑下列荷载：

(1) 模板及支架自重标准值；

(2) 新浇筑混凝土自重标准值；

(3) 钢筋自重标准值；

(4) 施工人员及设备荷载标准值；

(5) 振捣混凝土时产生的荷载标准值；

(6) 新浇筑混凝土对模板侧面的压力标准值；

(7) 倾倒混凝土时产生的水平荷载标准值；

(8) 风荷载标准值。

4. 模板设计的计算规定

对模板的设计，由于我国目前还没有临时性工程的设计规范，故荷载效应组合（荷载折减系数）只能按工程结构设计规范执行。

模板系统的设计计算，原则上与永久结构相似，计算时要参照相应的设计规范。确定计算简图时，要根据模板的具体构造，对不同的构件在设计时所考虑的重点也有所不同，例如：定型模板、梁模板、楞木等主要考虑抗弯强度及挠度；对于支柱、井架等系统主要考虑受压稳定性；对于桁架应考虑上弦杆的抗弯、抗拉能力；对于木构件，则应考虑支座处抗剪及承压等问题。

计算模板和支架的强度时，由于是一种临时性结构，建议钢材的允许应力可适当提高；木材的允许应力可根据木结构设计规范提高 30%。

(1) 对钢模板及其支架的设计应符合现行国家标准《钢结构设计规范》的规定，其截面塑性发展系数取 1.0；其荷载设计值可乘以系数 0.85 予以折减。

(2) 采用冷弯薄壁型钢应符合现行国家标准《冷弯薄壁型钢结构技术规范》的规定，其荷载设计值不应折减。

(3) 对木模板及其支架的设计应符合现行国家标准《木结构设计规范》的规定；当木材含水率小于 25% 时，其荷载设计值可乘以系数 0.90 予以折减。

(4) 其他材料的模板及其支架的设计应符合有关的专门规定。

(5) 当验算模板及其支架的刚度时，其最大变形值不得超过下列允许值：

1) 对结构表面外露的模板，为模板构件计算跨度的 1/400。

2) 对结构表面隐蔽的模板，为模板构件计算跨度的 1/250。

3) 支架的压缩变形值或弹性挠度，为相应的结构计算跨度的 1/1000。

支架的立柱或桁架应保持稳定，并用撑拉杆件固定。当验算模板及其支架在自重和风荷载作用下的抗倾倒稳定性时应符合有关的专门规定。

4.2.4 模板拆除

应针对模板及其支架拆除的顺序及安全措施，制定施工技术方案。

1. 拆除模板时混凝土的强度

模板及其支架拆除时的混凝土强度应符合设计规定；如设计无规定时，应满足下列要求：

（1）侧模拆除时的混凝土强度应能保证其表面及棱角不受损伤。

（2）底模及其支架拆除时混凝土强度应符合表4-6的规定。

整体结构拆模时所需混凝土强度 表4-6

结构类型	结构跨度（m）	按设计的混凝土强度标准值的百分率计（%）
板	≤2	50
	>2，≤8	75
	>8	100
梁、拱、壳	≤8	75
	>8	100
悬臂构件	≤2	75
	>2	100

2. 模板的拆除顺序及注意事项

（1）一般是先拆非承重模板，后拆承重模板；先侧模，后底模。框架结构模板的拆除顺序一般是：柱模→楼板模→梁侧模→梁底模。

（2）对后张法预应力混凝土结构构件，侧模宜在预应力张拉前拆除；底模支架的拆除应按施工技术方案执行，当无具体要求时，不应在结构构件建立预应力前拆除。

（3）多层楼板支柱的拆除应按下列要求进行：上层楼板正在浇筑混凝土时，下一层楼板的模板支柱不得拆除，再下一层楼板模板的支柱，仅可拆除一部分；跨度为4m或4m以上的梁下均应保留支柱，支柱间距不得大于3m。

重大复杂模板的拆除，事先应制定拆除方案。

（4）后浇带模板的拆除和支顶应按施工技术方案执行，模板拆除时，不应对楼层形成冲击荷载。拆除的模板和支架宜分散堆放并及时清运。

3. 早拆模板体系

在楼板混凝土浇筑3~4d，达到设计强度的50%时，即可提早拆除楼板模板与托梁，但支柱仍然保留，使楼板混凝土处于短跨度（支柱间距<2m）受力状态，待楼板混凝土强度增长到足以承担自重和施工荷载时，再拆除支柱。

早拆模板体系由模板块、托梁、带升降头的钢支柱等组成。安装时，先安装支撑系统，形成满堂支架，再逐个按区间将模板块安放到托梁上。拆模时，用铁锤敲击升降头上的支承插板，托梁连同模板块降落100mm左右后拆除，但钢支柱上部升降头的顶托板仍然支承着混凝土楼板。

4.3 混凝土工程

混凝土工程包括混凝土的制备、运输、浇筑与捣实、养护等过程，各工序紧密联系又相互影响，任一施工过程处理不当，都会影响混凝土工程的最终质量。近年来，混凝土外加剂发展很快，其应用改变了混凝土的性能和施工工艺。此外，自动化、机械化的发展和新的施工机械和施工工艺的应用，也大大改变了混凝土工程的施工面貌。

4.3.1 混凝土制备

1. 混凝土配合比的确定

混凝土配合比应符合合理使用材料和经济的原则。合理的混凝土配合比应能满足两个基本要求：既要保证混凝土的设计强度，又要满足施工所需要的和易性。对于有抗冻、抗渗等要求的混凝土，尚应符合相关规定。

（1）施工配合比的换算。混凝土设计配合比是根据完全干燥的砂、石骨料确定的，但实际使用的砂、石骨料一般都含有一些水分，而且含水量经常随气象条件发生变化。因此，在拌制时应及时测定砂、石骨料的含水率，并将设计配合比换算为骨料在实际含水量情况下的施工配合比。

若混凝土的实验室配合比为水泥:砂:石:水 $= 1:S:G:W$，现场测定砂的含水率为 W_s，石的含水率为 W_g，则换算后的施工配合比为：

$$1:S(1+W_s):G(1+W_g):(W-SW_s-GW_g) \tag{4-5}$$

【例4-2】已知某混凝土的实验室配合比为280:820:1100:199（为每 m^3 混凝土用量），已测出砂的含水率为 3.5%，石子的含水率为 1.2%，搅拌机的出料容积为 400L，若采用袋装水泥（50kg 一袋），试确定每搅拌一罐混凝土所需各种材料的用量。

解： 混凝土的实验室配合比折算为：

$$1:S:G:W = 1:2.93:2.98:0.71$$

将原材料的含水率考虑进去计算出施工配合比为：

$$1:3.03:3.98:0.56$$

每搅拌一罐混凝土水泥用量为：$280 \times 0.4 = 112kg$（实用两袋水泥100kg）

搅拌一罐混凝土砂用量为：$100 \times 3.03 = 303kg$

搅拌一罐混凝土石子用量为：$100 \times 3.98 = 398kg$

搅拌一罐混凝土水用量为：$100 \times 0.56 = 56kg$

（2）施工配料。求出混凝土施工配合比后，还须根据工地现有搅拌机的装料容量进行配制。

（3）严格控制材料称量。施工配合比确定以后，就需对材料进行称量，称量是否准确将直接影响混凝土的强度。为严格控制混凝土的配合比，搅拌混凝土时应根据计算出的各组成材料的一次投料量，采用重量准确投料。其重量偏差不得超过以下规定：水泥、外掺混合材料为 ±2%；粗、细骨料为 ±3%；水、外加剂溶液为 ±2%。

各种衡量器应定期校验，经常保持准确。骨料含水量应经常测定，雨天施工时，应增加测定次数。

（4）混凝土外加剂。为了改善混凝土的性能，提高其经济效果，以适应新结构、新技术发展的需要，大力改进混凝土制备、养护工艺以及砂、石级配的同时，还广泛地采用掺外加剂的办法，以改善混凝土的性能，加速工程进度或节约水泥，满足混凝土在施工和使用中的一些特殊要求，保证工程顺利进行。

外加剂的种类繁多，按其作用不同可分为减水剂（塑化剂）、早强剂、促凝剂、缓凝剂、引气剂（加气剂）、防水剂、抗冻剂、保水剂、膨胀剂和阻锈剂等，商品外加剂往往是复合型的外加剂。

在正式使用外加剂之前，应该进行相应的试验，以决定适当的掺量；使用时要准确控制掺量，相应调整水灰比及均匀搅拌。

2. 混凝土的拌制

混凝土的拌制是将水泥、水、粗细骨料和外加剂等原材料混合在一起，进行均匀拌合的过程。搅拌后的混凝土要求匀质，且达到设计要求的和易性和强度。

（1）搅拌机的选择。目前，普遍使用的搅拌机根据其搅拌机理不同，可分为自落式搅拌机和强制式搅拌机两大类。

1）自落式搅拌机。自落式搅拌机筒体和叶片磨损较小，易于清理，但搅拌力量小，动力消耗大，效率低，主要用于搅拌流动性和低流动性混凝土。

2）强制式搅拌机。强制式搅拌机具有搅拌质量好、速度快、生产效率高、操作简便及安全等优点，但机件磨损严重。强制搅拌机适用于搅拌干硬性或低流动性混凝土和轻骨料混凝土。

（2）搅拌制度的确定。为了获得均匀优质的混凝土拌合物，除合理选择搅拌机的型号外，还必须正确地确定搅拌制度，包括搅拌机的转速、搅拌时间、装料容积及投料顺序等。

1）搅拌机转速。对自落式搅拌机，转速过高时，混凝土拌合料会在离心力的作用下吸附于筒壁不能自由下落；而转速过低时，既不能充分拌合，又将降低搅拌机的生产率。为此搅拌机转速应满足下式的要求，即：

$$n = \frac{13}{\sqrt{R}} \sim \frac{16}{\sqrt{R}} \qquad (4\text{-}6)$$

式中　R 为搅拌筒半径，m。

对于强制搅拌机虽不受重力和离心力的影响，但其转速亦不能过大，否则会加速机械的磨损，同时也易使混凝土拌合物产生分层离析现象，因此，强制式搅拌机叶片转轴的转速一般为 30r/min，鼓筒的转速为 6~7r/min。

2）搅拌时间。从原材料全部投入搅拌筒到混凝土拌合物开始卸出所经历的全部时间称为搅拌时间，它是影响混凝土质量及搅拌机生产率的重要因素之一。搅拌时间过短，混凝土拌合不均匀，强度及和易性都将降低；搅拌时间过长，不仅降低了生产效率，而且会使混凝土的和易性降低或产生分层离析现象。搅拌时间的确定与搅拌机型号、骨料品种和粒径以及混凝土的和易性等有关。混凝土搅拌的最短时间可按表4-7采用。

混凝土搅拌的最短时间　　　　　　　　　　表4-7

混凝土的坍落度（mm）	搅拌机机型	搅拌机的出料量（L）		
		<250	250~500	>500
≤30	强制式	60	90	120
	自落式	90	120	150
>30	强制式	60	60	90
	自落式	90	90	120

注：1. 掺有外加剂时，搅拌时间应适当延长；

　　2. 采用其他形式搅拌设备时，搅拌的最短时间应按设备说明书的规定或经试验确定；

　　3. 全轻混凝土宜用强制式搅拌机搅拌，砂轻混凝土可采用自落式搅拌机搅拌，但时间应延长 60~90s。

3）装料容积。搅拌机的装料容积指搅拌一罐混凝土所需各种原材料松散体积的总和。为了保证混凝土得到充分拌和，装料容积通常只为搅拌机几何容积的 1/2～1/3。一次搅拌好的混凝土体积称为出料容积，约为装料容积的 0.5～0.75（又称出料系数）。搅拌机不宜超载，如装料超过装料容积的 10%，就会影响混凝土拌合物的均匀性，反之，装料过少又不能充分发挥搅拌机的效能。

4）投料顺序。在确定混凝土各种原材料的投料顺序时，应考虑如何保证混凝土的搅拌质量，减少机械磨损和水泥飞扬，减少混凝土的粘罐现象，降低能耗和提高劳动生产率等。目前采用的投料顺序有一次投料法、二次投料法。

①一次投料法。这是目前广泛使用的一种方法，也就是将砂、石、水泥依次放入料斗后再和水一起进入搅拌筒进行搅拌。这种方法工艺简单、操作方便。当采用自落式搅拌时常用的加料顺序是先倒石子，再加水泥，最后加砂。这种投料顺序的优点就是水泥位于砂石之间，进入拌筒时可减少水泥飞扬，同时砂和水泥先进入拌筒形成砂浆，可缩短包裹石子的时间，也避免了水向石子表面聚集产生的不良影响，可提高搅拌质量。

②二次投料法。二次投料法又可分为预拌水泥砂浆法和预拌水泥净浆法。

预拌水泥砂浆法是指先将水泥、砂和水投入拌筒搅拌 1～1.5min 后，加入石子再搅拌 1～1.5min。

预拌水泥净浆法是先将水和水泥投入拌筒搅拌 1/2 搅拌时间，再加入砂石搅拌到规定时间。

由于预拌水泥砂浆或水泥净浆对水泥有一种活化作用，因而搅拌质量明显高于一次投料法。若水泥用量不变，混凝土强度可提高 15% 左右，或在混凝土强度相同的情况下，可减少水泥用量 15%～20%。

当采用强制式搅拌机搅拌轻骨料混凝土时，若轻骨料在搅拌前已经预湿，则合理的加料顺序应是：先加粗细骨料和水泥搅拌 30s，再加水继续搅拌到规定时间；若在搅拌前轻骨料未经预湿，则先加粗、细骨料和总用水量的 1/2 搅拌 60s 后，再加水泥和剩余 1/2 用水量搅拌到规定时间。

4.3.2 混凝土运输

混凝土制备完毕后应及时将混凝土运输到浇筑地点。其运输方案应根据施工对象的特点、混凝土的工程量、运输距离、道路、气候条件、运输的客观条件及现有设备等综合进行考虑。

1. 运输混凝土的基本要求

（1）保证混凝土的浇筑量。尤其是在不允许留施工缝的情况下，混凝土运输必须保证其浇筑工作能够连续进行，为此，应按混凝土最大浇筑量和运距来选择运输机具设备的数量及型号。同时，也要考虑运输机具设备与搅拌机设备的配合，一般运输机具的容积是搅拌机出料容积的倍数。

（2）混凝土在运输过程中应保持其匀质性，不分层、不离析、不漏浆，运到浇筑地点后应具有规定的坍落度，并保证有充足的时间进行浇筑和振捣。若混凝土到达浇筑地点时已出现离析或初凝现象，则必须在浇筑前进行二次搅拌，待拌合为匀质的混凝土后方可浇筑。

应选用不漏浆、不吸水的容器运输混凝土，且在使用前用水湿润，以避免吸收混凝土内的水分导致混凝土坍落度过分减少。

（3）混凝土应以最少的转运次数和最短的时间，从搅拌地点运至浇筑现场，在混凝土初凝前浇筑完毕，混凝土从搅拌机中卸出到浇筑完毕的延续时间不宜超过表4-8的规定。

混凝土从搅拌机中卸出到浇筑
完毕的延续时间（min）　　表4-8

混凝土强度等级	气温	
	不高于25℃	高于25℃
不高于C30	120	90
高于C30	90	60

注：1. 对掺有外加剂或采用快硬水泥拌制的混凝土，其延续时间应按试验确定；
2. 对轻骨料混凝土，其延续时间应适当缩短。

（4）当混凝土从运输工具中自由倾倒时，由于骨料的重力克服了物料间的粘聚力，大颗粒骨料明显集中于一侧或底部四周，从而与砂浆分离即出现离析，当自由倾倒高度超过2m时，这种现象尤其明显，混凝土将严重离析。为保证混凝土的质量，采取相应预防措施，规范规定：混凝土自高处倾落的自由高度不应超过2m；否则，应使用串筒、溜槽或振动溜管等工具协助下落，并应保证混凝土出口的下落方向垂直，串筒的向下垂直输送距离可达8m。

在运输过程中混凝土坍落度往往会有不同程度的减少，减少的原因主要是运输工具失水漏浆、骨料吸水、夏季高温天气等。为保证混凝土运至施工现场后能顺利浇筑，运输工具应严密不漏浆，运输前用水湿润容器；夏季应采取措施防止水分大量蒸发；雨天则应采取防水措施。

2. 混凝土运输机具

运输混凝土的机具有很多，一般分为间歇式运输机具（如手推车、自卸汽车、机动翻斗车、搅拌运输车，各种类型的井架、桅杆、塔吊以及其他起重机械等）和连续式运输机具（如皮带运输机、混凝土泵等）两类，可根据施工条件进行选用。

4.3.3 混凝土浇筑与捣实

1. 混凝土浇筑

混凝土的浇筑成型过程是混凝土施工的关键，对于混凝土的密实性、结构的整体性和构件尺寸的准确性都起着决定性作用。

（1）混凝土浇筑前的准备工作。

1）混凝土浇筑前应检查模板的标高、尺寸、位置、强度、刚度等内容是否满足要求，模板接缝是否严密；钢筋及预埋件的数量、型号、规格、摆放位置、保护层厚度等是否满足要求；模板中的垃圾应清理干净，木模板应浇水湿润，但不允许留有积水。

2）对钢筋及预埋件应检查钢筋的级别、直径、排放位置及保护层厚度是否符合设计和规范要求，并认真作好隐蔽工程记录。

3）准备和检查材料、机具等；注意天气预报，不宜在雨雪天气浇筑。

4）做好施工组织工作和技术、安全交底工作。

（2）混凝土浇筑的一般规定。

1）混凝土应在初凝前浇筑，如已有初凝现象，则应进行一次强力的搅拌，使其恢复流动性后，方可入模；如有离析现象，则须重新搅拌后才能浇筑。

2）为防止混凝土浇筑时产生分层离析现象，混凝土的自由倾落高度一般不宜超过2m；在竖向结构（如墙、柱）中浇筑混凝土的自由倾落高度不得超过3m；对于配筋较密或不便捣实的结构，混凝土的自由倾落高度不宜超过0.6m；否则，应采取串筒、斜槽、溜管等下料。

3）浇筑竖向结构的混凝土之前，底部应先浇入一定厚度的水泥砂浆，以避免蜂窝及麻面现象。

4）为了使混凝土振捣密实，混凝土必须分层浇筑，其浇筑层的厚度应符合表4-9的规定。

5）为保证混凝土的整体性，浇筑工作应连续进行。当由于技术上或施工组织上的原因必须间歇时，其间歇时间应尽可能缩短，并应在前层混凝土凝结之前，将上层混凝土浇筑完毕。间歇的最长时间应按所用水泥品种及混凝土条件确定，且不超过表4-10的规定，当超过时应留置施工缝。

混凝土浇筑层厚度（mm）   表4-9

捣实混凝土的方法		浇筑层厚度
插入式振捣		振捣器作用部分长度的1.25倍
表面振动		200
人工振捣	在基础、无筋混凝土或配筋稀疏的结构中	250
	在梁、墙板、柱结构中	200
	在配筋密列的结构中	100
轻骨料混凝土	插入式振捣	300
	表面振动（振动时需加荷）	200

混凝土运输、浇筑和间歇的允许时间（min）

表4-10

混凝土强度等级	气温	
	不高于25℃	高于25℃
不高于C30	210	180
高于C30	180	150

注：当混凝土中掺有促凝剂或缓凝型外加剂时，其允许时间应根据试验结果确定。

6）施工缝位置应在混凝土浇筑之前确定，并宜留置在结构受剪力较小且便于施工的部位。柱应留水平缝，梁、板、墙应留垂直缝。

施工缝的留设位置应符合下列规定：柱子施工缝宜留在基础的顶面、梁或吊车梁牛腿的下面、吊车梁的上面、无梁楼板柱帽的下面；与板连成整体的大截面梁，施工缝留置在板底面以下20～30mm处。

当板下有梁托时，留在梁托下部；单向板的施工缝留置在平行于板的短边的任何位置；有主次梁的楼板宜顺着次梁方向浇筑，施工缝应留置在次梁跨度的中间1/3范围内；墙体的施工缝留置在门洞口过梁跨中1/3范围内，也可留在纵横墙的交接处；双向楼板、大体积混凝土结构、拱、弯拱、薄壳、蓄水池、斗仓、多层刚架及其他结构复杂的工程，施工缝的位置应按设计要求留置。

对于承受动力作用的设备基础，规范规定：承受动力作用的设备基础，不应留置施工缝，当必须留置时，应征得设计单位同意；在设备基础的地脚螺栓范围内施工缝的留置位置，应符合下列要求：水平施工缝必须低于地脚螺栓底部且与地脚螺栓底部的距离应大于150mm；当地脚螺栓直径小于30mm时，水平施工缝可留置在不小于地脚螺栓埋入混凝土部分总长度的3/4处；垂直施工缝，其与地脚螺栓中心线的距离不得小于250mm，且不得小于螺栓直径的5倍；在处理动力设备基础的施工缝时，应满足下列规定：标高不同的两个水平施工缝，其高低结合处应做成台阶形，台阶的高宽比不得大于1.0，在水平施工缝上继续浇筑有梁板的施工缝位置混凝土前，应对地脚螺栓进行一次观测校准；垂直施工缝处应加插筋，直径为12~16mm，长度500~600mm，间距500mm，在台阶式施工缝的垂直面上也应补插钢筋。

在施工缝处继续浇筑之前，须待已浇筑的混凝土抗压强度达到 $1.2\mathrm{N/mm^2}$ 后才能进行，而且需对施工缝作一些处理，以增强新旧混凝土的连接，尽量降低施工缝对结构整体性带来的不利影响。处理办法是：先在已硬化的混凝土表面上，清除水泥浮浆、松动石子以及软弱混凝土层，混凝土表面应凿毛，并加以充分湿润、冲洗干净，且不得留有积水；然后在浇筑混凝土前先在施工缝处抹10~15mm厚与混凝土成分相同的一层水泥砂浆；浇筑混凝土时，需仔细振捣密实，使新旧混凝土结合紧密。施工中，应严格按照上述规定进行，以保证混凝土工程的质量和整体强度。

7）混凝土初凝之后、终凝之前应防止振动。

8）在混凝土浇筑过程中，应随时注意模板及其支架、钢筋、预埋件及预留孔洞的情况，当出现不正常的变形、位移时，应及时采取措施进行处理，以保证混凝土的施工质量。

（3）大体积混凝土浇筑。大体积混凝土是指厚度大于或等于1m，长、宽较大，混凝土体量大，施工时水化热引起混凝土内的最高温度与外界温度之差较大的混凝土结构。一般多为建筑物、构筑物的基础，如高层建筑中常用的整体钢筋混凝土箱形基础，高炉转炉设备基础等。

大体积混凝土结构的施工特点：一是整体性要求较高，往往不允许留设施工缝，一般都要求连续浇筑；二是结构的体量较大，浇筑后的混凝土产生的水化热量大，并聚积在内部不易散发，从而形成混凝土内外较大的温差，引起较大的温差应力。

因此，大体积混凝土的施工时，为保证结构的整体性，应合理确定混凝土浇筑方案；为保证施工质量，应采取有效的技术措施降低混凝土内外温差（小于25℃）。

1）浇筑方案的选择。为了保证混凝土浇筑工作能连续进行，避免留设施工缝，应在下一层混凝土初凝之前，将上一层混凝土浇捣完毕。因此，在组织施工时，首先应按式(4-7)计算每小时需要浇筑混凝土的数量即浇筑强度：

$$V = BLH/\ (t_1 - t_2) \tag{4-7}$$

式中　　V——每小时混凝土浇筑量，$\mathrm{m^3/h}$；

　B、L、H——浇筑层的宽度、长度、厚度，m；

　　　　t_1——混凝土初凝时间，h；

　　　　t_2——混凝土运输时间，h。

根据混凝土的浇筑量，计算所需要搅拌机、运输机具和振动器的数量，并据此拟定浇筑方案和进行劳动组织。大体积混凝土浇筑方案需根据结构大小、混凝土供应等实际情况决定，一般有全面分层、分段分层和斜面分层三种方案，如图4-12所示。

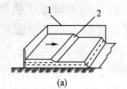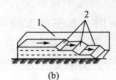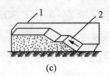

(a)　　　　　　　　(b)　　　　　　　　(c)

图 4-12　大体积混凝土的浇筑方案

（a）全面分层；（b）分段分层；（c）斜面分层

1—模板；2—新浇筑的混凝土

2）防治大体积混凝土温度裂缝的措施。温度应力是产生温度裂缝的根本原因，一般将温差控制在 20～25℃以下时，则不会产生温度裂缝。大体积混凝土施工可采用以下措施来控制内外温差：

①宜选用水化热较低的水泥，如矿渣水泥、火山灰水泥或粉煤灰水泥。

②在保证混凝土强度的条件下，尽量减少水泥用量和每立方米混凝土的用水量（如选择合适的砂率及级配等）。

③粗骨料宜选用粒径较大的卵石，应尽量降低砂石的含泥量，以减少混凝土的收缩量。

④尽量降低混凝土的入模温度，规范要求混凝土的浇筑温度不宜超过 28℃，且选择室外气温较低时进行施工。

⑤必要时可在混凝土内部埋设冷却水管，利用循环水来降低混凝土温度。

⑥为了减少水泥用量，提高混凝土的和易性，在混凝土中掺入适量的矿物掺量，如粉煤灰等，也可采用减水剂。

⑦对表层混凝土做好保温措施，以减少表层混凝土热量的散失，降低内外温差。

⑧尽量延长混凝土的浇筑时间，以便在浇筑过程中尽量多地释放出水化热；可在混凝土中掺加缓凝剂，尽量减薄浇筑层厚度等。

⑨从混凝土表层到内部设置若干个温度观测点，加强观测，一旦出现温差过大的情况，便于及时处理。

此外，为了控制大体积混凝土裂缝的开展，在特殊情况下，可在施工期间设置作为临时伸缩缝的"后浇带"，将结构分为若干段，以有效削减温度收缩应力，待所浇筑的混凝土经一段时间的养护干缩后，再在后浇带中浇筑补偿收缩混凝土，使分块的混凝土连成一个整体。在正常施工条件下，后浇带的间距一般为 2～3m，带宽 1.0m 左右，混凝土浇筑 30～40d 后用比原结构强度等级高 1～2 个等级的混凝土填筑，并保持不少于 15d 的潮湿养护。

2. 混凝土捣实

混凝土浇筑入模后，内部还存在着很多空隙。为了使混凝土充满模板内的每一部分，而且具有足够的密实度，必须对混凝土在初凝前进行捣实成型，使混凝土构件外形及尺寸正确、表面平整、强度和其他性能符合设计及使用要求。

混凝土振捣分人工捣实和机械捣实两种方式。

（1）人工捣实。人工捣实是利用捣锤、插钎等工具的冲击力来使混凝土密实成型。捣实时必须分层浇筑混凝土，每层厚宜在 150mm 左右，并应注意布料均匀，每层确保捣实后方能浇筑上一层；捣插要插匀插全，尤其是主钢筋的下面、钢筋密集处、石子较多处、模板阴角处及施工缝应特别注意捣实，而且增加捣插次数比加大捣插力效果更好；用木槌敲击模板时，用力要适当，避免造成模板位移。

（2）机械捣实。机械捣实是利用振动器的振动力以一定的方式传给混凝土，使之发生强迫振动破坏水泥浆的凝胶结构，降低了水泥浆的黏度和骨料之间的摩擦力，提高了混凝土拌合物的流动性，使混凝土密实成型。机械捣实混凝土效率高、密实度大、质量好，且能振实低流动性或干硬性混凝土，因此，一般应尽可能使用机械捣实。

按其工作方式不同，混凝土的振动机械可分为内部振动器、表面振动器、外部振动器和振动台等。

4.3.4　混凝土养护

混凝土成型后，为保证水泥水化作用能正常进行，应及时进行养护。养护的目的是为了保证混凝土凝结和硬化所需的湿度和适宜的温度，促使水泥水化作用充分发展，它是获得优质混凝土必不可少的措施。混凝土中拌合水的用量虽比水泥水化所需的水量大得多，但由于蒸发，骨料、模板和基层的吸水作用以及环境条件等因素的影响，可使混凝土内的水分降低到水泥水化必需的用量之下，从而妨碍了水泥水化的正常进行。因此，如果混凝土养护不及时、不充分，不仅易产生收缩裂缝、降低强度，而且会影响到混凝土的耐久性及其他性能。实践表明，未养护的混凝土与经充分养护的混凝土相比，其28d抗压强度将降低30%左右，一年后的抗压强度约降低5%，由此可见，养护对混凝土工程的重要性。

1. 混凝土养护原理

新浇筑的混凝土，当它还未达到充分的强度时，如湿度低、遭遇干燥，使混凝土中多余的水分过早蒸发，就会产生很大的收缩变形，出现干缩裂纹，从而影响混凝土的整体性和耐久性。但当混凝土已有充分的强度后，再遭遇干燥，就不致产生裂纹现象。所以，应当采取措施使混凝土的收缩现象尽量推迟到混凝土充分硬化后再出现，这是因为混凝土的收缩在硬化初期最为强烈，而随混凝土龄期的增长则逐渐减弱。

因此，混凝土的脱水现象和干缩裂纹，主要与湿度和温度有关，如能加强养护，使混凝土在硬化期间（尤其是初凝硬化期）经常处于潮湿状态，避免水分过早蒸发；或使混凝土在较高的温度和湿度条件下，加速其硬化过程，即可防止出现脱水和减轻干缩的影响，或不再受到干缩的影响。

2. 混凝土养护方法

混凝土养护常用方法主要有自然养护、加热养护和蓄热养护。其中，蓄热养护多用于冬期施工，加热养护可用于冬期施工和预制构件的生产。

（1）自然养护。自然养护是指在自然气温条件下（平均气温高于+5℃），用适当的材料对混凝土表面进行覆盖、浇水、保温等养护措施，使混凝土水泥的水化作用在所需的适当温度和湿度条件下顺利进行。自然养护又分为覆盖浇水养护和塑料薄膜养护。

1）覆盖浇水养护。覆盖浇水养护是指混凝土在浇筑完毕后3~12h内，可选用草帘、芦席、麻袋、锯木、湿土和湿砂等适当材料将混凝土表面覆盖，并经常浇水使混凝土表面处于湿润状态的养护方法。

混凝土的养护时间与水泥品种有关，对于采用硅酸盐水泥、普通硅酸盐水泥或矿渣硅酸盐水泥拌制的混凝土,不得少于7d,对掺加缓凝型外加剂或有抗渗性要求的混凝土,不得少于14d;每日浇水的次数以能保持混凝土具有足够的湿润状态为宜,一般气温在15℃以上时,在混凝土浇筑后最初3昼夜中,白天至少每3h浇水一次,夜间也应浇水两次;在以后的养护中,每昼夜应浇水3次左右;在干燥气候条件下,浇水次数应适当增加。

大面积结构如地坪、楼板、屋面等可采用蓄水养护。对于贮水池一类工程可于拆除内模,混凝土达到一定强度后注水养护;对于地下结构或基础,可在其表面涂刷沥青乳液或用回填土代替洒水养护。

2)塑料薄膜养护。塑料薄膜养护就是以塑料薄膜为覆盖物,使混凝土表面与空气隔绝,可防止混凝土内的水分蒸发,水泥依靠混凝土中的水分完成水化作用而凝结硬化,从而达到养护目的。塑料薄膜养护有两种方法:

①薄膜布直接覆盖法。薄膜布直接覆盖法是指用塑料薄膜布把混凝土表面敞露部分全部严密地覆盖起来,保证混凝土在不失水的情况下得到充分的养护。其优点是不必浇水,操作方便,能重复使用,能提高混凝土的早期强度,加速模具的周转。这种方法较覆盖浇水养护混凝土可提高温度10~20℃。

②喷洒塑料薄膜养生液法。喷洒塑料薄膜养生液法是指将塑料溶液喷涂在混凝土表面,溶液挥发后在混凝土表面结成一层塑料薄膜,使混凝土表面与空气隔绝,封闭混凝土内的水分不再被蒸发,从而完成水泥水化作用。这种养护方法一般适用于表面积大或浇水养护困难的情况。

(2)加热养护。自然养护成本低、效果较好,但养护期长。为了缩短养护期,提高模板的周转率和场地的利用率,一般生产预制构件时,宜采用加热养护。加热养护是通过对混凝土加热来加速混凝土的强度增长。常用的方法有蒸汽室养护、热模养护等。

蒸汽室养护就是将混凝土构件放在充满蒸汽的养护室内,使混凝土在高温高湿度条件下,迅速达到要求的强度。蒸汽养护过程分为静停、升温、恒温和降温四个阶段。

热模养护属于蒸汽养护,蒸汽不与混凝土接触,而是喷射到模板上加热模板,热量通过模板与刚成型的混凝土进行交换。此法养护用汽少,加热均匀,既可用于预制构件,又可用于现浇墙体。

4.3.5 混凝土冬期施工

根据当地多年气温资料,室外日平均气温连续5d稳定低于5℃时,混凝土工程的施工即进入冬期施工的要求,称为混凝土的冬期施工。

1. 混凝土早期冻害对其性能的影响

混凝土的早期冻害是指新浇筑和在硬化过程中的初龄期混凝土,受寒冷气温的影响,使混凝土遭到冻结,给混凝土的各项指标造成不同程度的影响和损害。在混凝土冬期施工中,早期受冻后,其结构及物理力学性能将受到严重的损害。

(1)混凝土内部的结构破坏。在硬化过程中的初龄期,混凝土遭冻及新浇筑混凝土遭冻后,内部产生一系列的微裂纹甚至微裂缝,这些微裂纹、裂缝破坏了混凝土的内部自身整体性。试验和工程实践证明,混凝土解冻后,即使再养护28d,这些微裂纹也不能得到全部修补。

(2)混凝土的抗压、抗拉强度的降低。混凝土在负温下遭到冻结,当温度回升到正温时，水泥的水化作用可继续进行，但冻结对混凝土的抗压、抗拉强度影响较大。冻结时温度越低，强度损失越大；水灰比越大，强度损失越大；受冻时强度越低，强度损失越大。特别是浇筑后立即受冻，抗压强度损失可达50%以上，即使后期正温养护三个月，也恢复不到原设计的强度水平，抗拉强度损失可达40%。

（3）钢筋混凝土的粘结强度降低。试验结果证明，混凝土早期受冻对混凝土与钢筋的粘结强度影响较大。对强度低的混凝土影响更严重。

2. 冬期施工对混凝土材料的要求

（1）水泥。冬期施工时，根据工程特点、混凝土工作环境及养护条件，尽量使用快硬、早期强度增长快、早期水化热较高的高强度等级水泥，使之较快地达到临界强度。应优先选用硅酸盐水泥或普通硅酸盐水泥。水泥的强度等级不应低于42.5级，最少水泥用量不宜少于300kg/m³。在使用其他品种的水泥时，应注意其中的掺合材料对混凝土的抗冻、抗渗的性能等影响。冬期施工的混凝土严禁使用高铝水泥，高铝水泥的重结晶将导致强度下降，对钢筋的保护作用比硅酸盐水泥差。

（2）骨料。冬期施工时，所用的骨料必须清洁，不得含有冰、雪等冻结物以及易冻裂的矿物质。掺有钾、钠离子防冻剂的混凝土，不应混有活性二氧化硅成分的骨料，以免发生碱骨料反应，导致混凝土的体积膨胀，破坏混凝土结构。

（3）水。拌合水中不得含有导致延缓水泥正常凝结硬化的杂质，以及能引起钢筋锈蚀和混凝土腐蚀的离子。凡一般饮用的自来水和天然的洁净水，都可以用来拌制混凝土。

（4）外加剂。混凝土中掺入适量的外加剂，可以保证混凝土在低温条件下早强和负温下的硬化，防止早期受冻，提高混凝土的耐久性。多使用无氯盐的防冻剂、引气剂或引气减水剂，但不应对钢筋有腐蚀和降低混凝土的抗渗性。

（5）掺和料。混凝土中掺入一定量的粉煤灰，能达到改善混凝土性能、提高工程质量、节约水泥、降低成本等优点。掺入一定量的氟石粉能有效地改善混凝土的和易性，提高混凝土的抗渗性，调解水泥水化和提高混凝土初始温度的作用。氟石粉的适宜掺量一般为水泥用量的10%~15%，最好通过试验确定。

（6）保温材料。混凝土工程冬期施工使用的保温材料，应根据工程类型、结构特点、施工条件、气温情况进行选用。优先选用导热系数小、密闭性好、坚固耐用、防风防潮、价格低廉、重量轻、能多次使用的地方性材料，如草帘、草袋、炉渣、锯末等。保温材料必须保持干燥，受潮后保温性能会成倍降低。随着工业新技术的发展，冬期施工中也越来越广泛地使用轻质高效能的保温材料，如珍珠岩、石棉以及聚氨酯泡沫塑料等。

3. 混凝土冬期施工工艺要求

冬期混凝土施工的特点在于需采取必要的措施，以消除低温对混凝土硬化所产生的不利影响，保护混凝土在达到规定强度以前不受冻害。应根据工程情况、施工要求以及外界气温条件，经过热工计算及经济比较确定施工工艺。

（1）混凝土的拌制。要使新浇筑的混凝土在一定的时间内达到所要求的强度，必须具备温度条件，而混凝土获得的热量，除了水泥的水化热以外，只能靠加热的办法取得。国内外一致的做法是，在混凝土搅拌的过程中加热组成材料。

组成材料加热的原则是：根据材料比热大小和加热方法的难易程度，应优先加热水，其次是砂石，水的热容量约为骨料的五倍；水泥加热不易均匀，过热的水泥遇水会导致水泥假凝，因此，水泥不得加热但要保持正温。对材料加热的温度必须进行热工计算并加以限制。

冬期施工为了加强混凝土的搅拌效果，应选择强制式搅拌机。合理的投料顺序，可以使混凝土获得良好的和易性，拌合物的温度均匀，有利于混凝土强度的发展，又可以提高搅拌机的效率。一般是先投入骨料和加热的水，搅拌一定时间后，水温降低到40℃左右时，再投入水泥继续搅拌到规定的时间，要绝对防止水泥假凝。投料量在任何情况下不得超载，一定要与搅拌机的规格、容量相匹配，否则会影响拌合物的均匀性。

搅拌时间是影响混凝土质量的重要因素之一。搅拌时间必须满足表4-11规定的最短时间。为满足各组成材料间的热平衡，可以适当延长搅拌时间。搅拌时间短，拌合不均匀，混凝土的和易性和施工性能差，强度降低；搅拌时间长，和易性也会降低，有时还会产生分层离析现象。

冬期施工混凝土搅拌的最短时间（s）　　　　　　　表4-11

混凝土坍落度（cm）	搅拌机类型	搅拌机容量（L）		
		小于250	250~650	大于650
小于等于3	自落式	135	180	225
	强制式	90	135	180
大于3	自落式	135	135	180
	强制式	90	90	135

（2）混凝土的运输。混凝土拌合物经搅拌倾出后，应及时运到浇筑地点，入模成型。在运输的过程中，仍然会有热损失。运输过程是热损失的关键，混凝土的入模温度主要取决于运输过程中的蓄热程度。因此，运输速度要快，运输距离要短，装卸和转运次数要少，保温要好。

（3）混凝土的浇筑。在混凝土浇筑前，应清除模板和钢筋上的冰雪和杂物。冬期施工混凝土的浇筑时间不应超过30min，金属预埋件和直径大于25mm的钢筋应进行预热，混凝土浇筑后开始养护的温度不得低于2℃。大体积混凝土应分层浇筑，每层厚度不得超过表4-12的规定。

冬期施工混凝土浇筑层的厚度　　　　　　　表4-12

项　次	捣实混凝土的方法		浇筑层厚度（cm）
1	插入式振捣		振捣棒长度的1.25倍
2	表面振捣		200
3	人工振捣	（1）混凝土基础、无筋或少筋结构	250
		（2）梁、板、柱结构	200
		（3）配筋密列结构	150
4	轻骨料混凝土	插入式振捣	300
		表面振捣（振动时加荷）	200

整体式结构混凝土浇筑并采用加热养护时，浇筑的程序和施工缝位置的留设应防止较大的温度应力产生。装配式结构受力接头混凝土的施工，浇筑前应将结合部位的表面加热至正温，浇筑后在温度不超过45℃的条件下，养护到设计要求的强度；构造要求接头混凝土，可浇筑掺有不使钢筋锈蚀的外加剂混凝土。

冬期不得在强冻胀性地基上浇筑混凝土；在弱冻胀性地基上浇筑混凝土，地基土应进行保温；在非冻胀性地基上浇筑混凝土，可以不考虑地基土对混凝土的冻胀的影响，但在地基受冻前，混凝土的抗压强度不得低于受冻临界强度。

4. 混凝土冬期施工方法的选择

混凝土冬期施工方法是保证混凝土在硬化过程中防止早期受冻所采取的各种措施。

（1）施工方法的分类。根据热源条件和使用的材料，混凝土冬期施工的养护方法有两类，见表4-13。

（2）冬期施工方法的选择。选择混凝土施工方法时，应考虑的主要因素是自然气温条件、结构类型、水泥品种、施工工期、能源状况以及经济条件。对于工期不紧和无特殊限制的工程，应本着节约能源和降低冬期施工费用的原则，优先选用养护不需加热的施工方法或综合养护法。一个好的施工方案，首先应在能避免混凝土早期受冻前提下，用最低的施工费用在最短的施工期内，获得优良的施工质量，也就是在施工质量、施工期限和施工费用三个方面综合考虑选择最佳方案。

冬期施工方法的特点和适用条件   表4-13

施工方法		特　点	适宜条件
不加热养护法	蓄热法	1. 原材料加热视气温条件 2. 用一般或高效保温材料覆盖于塑料薄膜上，防止水分和热量散失 3. 混凝土温度降至0℃时，要达到受冻临界强度 4. 混凝土硬化慢，但费用低，施工方便	1. 自然气温不低于-15℃ 2. 地面以上的工程 3. 混凝土结构表面系数不大于5的结构
	综合蓄热法	1. 原材料加热 2. 混凝土中掺早强剂或防冻剂 3. 用一般或高效保温材料覆盖于塑料薄膜上，防止水分和热量散失 4. 混凝土温度降至外加剂设计温度前，要达到受冻临界强度 5. 混凝土早期强度增长较好，费用较低	1. 混凝土结构表面系数 $5 \leqslant M \leqslant 15$ 2. 混凝土养护期间平均气温不低于-12℃ 3. 适用于梁、板、柱及框架结构和大模板墙体结构
	掺化学外加剂法	1. 原材料加热视气温条件 2. 掺早强剂或防冻剂，适当覆盖保温 3. 混凝土温度降至冰点前应达到受冻临界强度 4. 混凝土硬化慢，但费用低，施工方便	1. 自然气温不低于20℃，在混凝土冰点以内 2. 外加剂品种，性能应与结构特点和施工条件相适应 3. 混凝土结构表面系数 $M > 15$

施工方法		特　点	适宜条件
加热养护法	蒸汽加热法	1. 原材料加热视气温条件 2. 利用结构条件或将混凝土罩以外套，形成蒸汽室 3. 在混凝土内部预留孔道通汽 4. 利用模板通汽形成热膜 5. 耗能大，费用高	1. 现场预制构件、地下结构、现浇梁、板、柱等 2. 较厚的构件、梁、柱和框架 3. 竖向结构 4. 表面系数 6～8
	电热法	1. 利用电能转换为热能加热混凝土 2. 利用磁感应加热混凝土 3. 利用红外辐射加热混凝土 4. 耗能大，费用高 5. 混凝土硬化快	1. 墙、梁和基础 2. 不多的梁、柱及厚度不大于20cm 的板及基础 3. 框架、梁、柱接头 4. 表面系数 8 以上
	暖棚法	1. 在结构周围增设暖棚，设热源使棚内保持正温 2. 封闭工程的外围结构设热源使室内保持正温 3. 原材料是否加热视气温条件 4. 施工费用高	1. 工程量集中的结构 2. 有外围护的结构 3. 表面系数 6～10 的结构

4.4　预应力混凝土工程

4.4.1　预应力混凝土的分类和材料

1. 预应力混凝土的分类

按照施加预应力的方式，预应力混凝土分为机械张拉和电热张拉两类。机械张拉又分为先张法和后张法。

2. 预应力混凝土的材料

预应力混凝土抗裂性的高低，取决于钢筋的预拉应力值和钢筋与混凝土之间的粘结力。钢筋预拉力越高，混凝土预压力越大，构件的抗裂性就越好。要建立较高的预应力，就必须具有高强度的钢筋和高强度混凝土。因此，高强材料的提供，促使产生预应力混凝土，预应力混凝土的发展又对材料提出更高的要求。

（1）对钢材的要求。

1）高强度。混凝土预应力的大小取决于钢筋（线）的张拉应力，而构件制作过程中将出现各种应力损失，钢材强度越高，损失率越小，经济效果也越高。因此，当具备条件时，应尽量采用强度高的钢材作预应力筋。

2）具有一定的塑性。就是要求钢筋切断时具有一定的延伸率，当构件处于低温荷载下，更应注意塑性要求，否则，可能发生脆性破坏。一般冷拉热轧钢筋的延伸率≥6%，钢丝、钢绞线的延伸率要求≥4%。

3）与混凝土有较好的粘结度。先张法构件（后张自锚构件在使用时）的预应力是靠钢筋和混凝土的粘结力来完成的。因此，钢筋和混凝土的粘结度必须足够。如果用光面高强钢丝配丝时，表面应经"刻痕"或"压波"等措施处理方能使用。

4）有良好的加工性能，如可焊性。钢筋经过"镦粗"（冷镦或热镦）后，不影响其原来的物理力学性能等。

目前，国内预应力混凝土结构常用的钢材可分为钢丝和钢筋两类。钢筋可用冷拉Ⅱ、Ⅲ级热轧钢筋或热处理钢筋，钢丝可用高强碳素钢丝或冷拔低碳钢丝等。

（2）对混凝土的要求。

1）高强度。只有高强混凝土充分利用高强钢材，共同承受外力，从而可以减小构件的截面尺寸，减轻构件自重并节约原材料用量。

2）收缩、徐变小，弹性模量高，有利于减少预应力损失。混凝土强度高，抗拉、抗剪、粘结强度也都高，从而提高抗裂能力。

3）尽可能做到快硬、早强。只有快硬、早强才能尽早施加预应力，加快施工进度，提高台座或锚具的使用率。

当前，国内预应力钢筋构件中所用混凝土的强度等级常为 C40 ~ C50，个别达到 C60 ~ C80，一般不低于 C30。

4.4.2 先张法施工

先张法是在构件浇筑混凝土之前，张拉预应力筋，并将张拉的预应力筋临时锚固在台座或钢模上，然后浇筑混凝土并进行养护，待混凝土强度达到不低于混凝土设计强度值的75%，保证预应力筋与混凝土有足够的粘结时，放松预应力筋，借助于混凝土与预应力筋的粘结，对混凝土施加预应力。先张法一般仅适用于生产中小型构件，多在固定的预制厂生产，也可在现场生产。先张法施工工艺如图 4-13 所示。

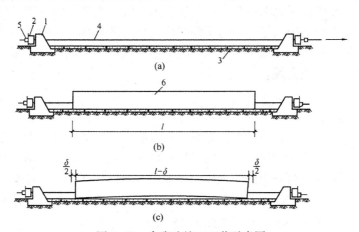

图 4-13　先张法施工工艺示意图

（a）张拉预应力筋；（b）浇筑混凝土；（c）放松预应力筋

1—台座；2—横梁；3—台面；4—预应力筋；5—夹具；6—混凝土构件

1. 先张法施工机具

先张法生产构件可采用长线台座法，一般台座长度在 100 ~ 150m 之间，或用短线钢模法生产构件。先张法生产构件，涉及台座、张拉机具和夹具。

（1）台座。台座在先张法施工中为主要的承力构件，必须具有足够的强度、刚度、稳定性，以免台座因变形、倾覆和滑移引起预应力损失，以确保先张法生产构件的质量。台座的形式较多，按构造形式不同，一般可分为墩式台座和槽式台座两种。

（2）张拉机具和夹具。先张法生产的构件中，常采用的预应力筋分为钢丝和钢筋两种。张拉预应力钢丝时，一般直接采用卷扬机或电动螺杆张拉机；张拉预应力钢筋时，在槽式台座中常采用四横梁式成组张拉装置，用千斤顶张拉。

2. 先张法生产工艺流程

用先张法在台座上生产预应力混凝土构件时，其工艺流程一般如图4-14所示。

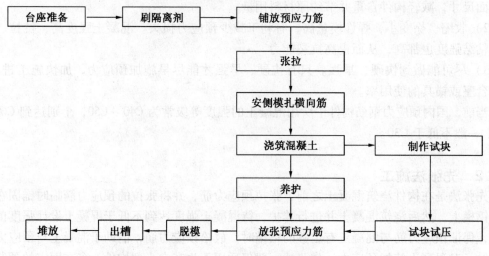

图4-14　先张法工艺流程图

预应力混凝土先张法工艺的特点是：预应力筋在浇筑混凝土前张拉，预应力的传递依靠预应力筋与混凝土之间的粘结力，为了获得质量良好的构件，在整个生产过程中，除确保混凝土质量以外，还必须确保预应力筋与混凝土之间的良好粘结，使预应力混凝土构件获得符合设计要求的预应力值。

4.4.3　后张法施工

后张法是先制作构件，在构件中预先留出相应的孔道，待构件混凝土强度达到设计规定的数值后，在孔道内穿入预应力筋，用张拉机具进行张拉，并利用锚具将张拉后的预应力筋锚固在构件的端部。预应力筋的张拉力，主要靠构件端部的锚具传给混凝土，使其产生压应力。张拉锚固后，立即在预留孔道内灌浆，使预应力筋不受锈蚀，并与构件形成整体。预应力混凝土后张法生产示意图如图4-15所示。

1. 后张法特点

后张法直接在构件上张拉，不需要专门的台座，现场生产时可避免构件的长途搬运，因此，适宜于在现场生产的大型构件，特别是大跨度的构件，如薄腹梁、吊车梁和屋架等。后张法又可作为一种预制构件的拼装手段，可先在预制厂制作小型块体，运到现场后穿入钢筋，通过施加预应力拼装成整体。但后张法需要在钢筋两端设置专门的锚具，这些锚具永远留在构件上，不能重复使用，耗用钢材较多，且要求加工精密，费用较高。同时，由于留孔、穿筋、灌浆及锚具部分预压应力局部集中处需加强配筋等原因，使构件端部构造和施工操作都比先张法复杂，因此，造价一般比先张法高。

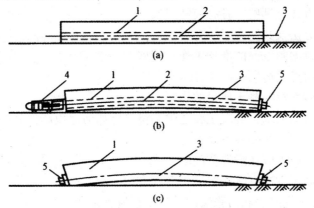

图 4-15　预应力混凝土后张法生产示意图

（a）制作混凝土构件；（b）张拉钢筋；（c）锚固和孔道灌浆

1—混凝土构件；2—预留孔道；3—预应力筋；4—千斤顶；5—锚具

2. 后张法生产工艺流程

后张法生产工艺流程如图 4-16 所示。

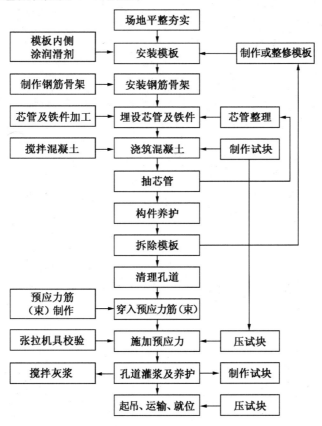

图 4-16　后张法生产工艺流程示意图

思考题

1. 钢筋的加工方式有哪些，各有何特点？

2. 钢筋代换的方法及其注意事项有哪些？

3. 钢筋网片、骨架制作前的准备工作有哪些？

4. 常用水泥的特点及适用范围是什么？

5. 水灰比、含砂率对混凝土质量的影响有哪些？

6. 混凝土运输有何要求？混凝土在运输和浇筑中如何避免产生分层离析？

7. 混凝土浇筑时应注意哪些事项？

8. 大体积混凝土施工应注意哪些问题？

9. 混凝土冬期施工方法有哪些？适用条件有何要求？

10. 预应力混凝土先张法和后张法的生产工艺流程是什么？

第5章 钢结构工程

知识要点：钢结构是建筑结构的主要类型之一，也是现代建筑工程中较普通的结构形式之一。钢结构的加工工艺、钢结构的拼装与各种连接方法，以及钢结构的涂装等内容是钢结构工程的基本知识。

5.1 钢结构加工工艺

5.1.1 放样、下料与切割下料

1. 放样

钢结构是按照结构的实物缩小比例绘制成设计施工图来制造的，是由许多构件组成，结构的形状复杂，在施工图上很难反映出某些构件的真实形状，甚至有时标注的尺寸也不好表示，需要按施工图的几何尺寸以1:1的比例在样台上放出实样，以求出真实形状和尺寸，然后根据实样的形状和尺寸制成样板、样杆，作为下料、切割、装配等加工的依据，上述过程称为放样。

放样是钢结构制作工艺中的第一道工序。只有放样尺寸精确，才能避免以后各道加工工序的累积误差，才能保证整个工程质量。

（1）放样的环境要求。放样台是专门用来放样的，放样台分为木质地板和钢质平台，也可以在装饰好的室内地坪上进行。木质放样台应设置于室内，光线要充足，干湿度要适合，放样平台表面应保持平整光洁。木地板放样台应刷上淡色无光漆，并注意防火。钢质地板放样台，一般刷上黏白粉或白油漆，这样可以划出易于辨别清楚的线条，以表示不同结构形状，使放样台上的图面清晰，不致混乱。如果在地坪上放样，也可根据实际情况采用弹墨线的方法，日常则需保护台面（如不许在其上进行对话、击打、矫正工作等）。

（2）放样准备。放样前，应校对图纸各部尺寸有无不符之处，与土建工程和其他安装工程有无矛盾。如果图纸标注不清，与有关标准有出入或有疑问，自己不能解决时，应与有关部门联系，妥善解决，以免产生错误。

（3）放样操作。根据施工图纸的具体技术要求，按照1:1的比例尺寸和基准画线以及正投影的作图步骤，画出构件相互之间的尺寸及真实图形。产品放样经检查无误后，采用的薄钢板或油毡纸及牛皮纸等材料，以实样尺寸为依据，制出零件的样杆、样板，用样杆和样板进行下料。

用油毡纸或纸壳材料作样板时，应注意温度和湿度影响所产生的误差。

（4）样板标注。样板制出后，必须在上面注明图号、零件名称、件数、位置、材料牌号规格及加工符号等内容，以便使下料工作有序进行。同时，应妥善保管样板，防止折叠锈蚀，以便进行校核，查出原因。

（5）加工余量。为了保证产品质量，防止由于下料不当造成废品，样板应注意预放加工余量，一般可根据不同的加工量按下列数据进行：

1）自动气割切断的加工余量为 3mm；手工气割切断的加工余量为 4mm；气割后需铣端或刨边者，其加工余量为 4~5mm。

2）剪切后无需铣端或刨边的加工余量为零。

3）对焊接结构零件的样板，除放出上述加工余量外，还须考虑焊接零件的收缩量，一般沿焊缝长度纵向收缩率为 0.03%~0.2%；沿焊缝宽度横向收缩，每条焊缝为：0.03~0.75mm；加强肋的焊缝引起的构件纵向收缩，每肋每条焊缝为 0.25mm。加工余量和焊接收缩量，应以组合工艺中的拼装方法、焊接方法及钢材种类、焊接环境等决定。

2. 下料

下料是根据施工图纸的几何尺寸、形状制成样板，利用样板或计算出的下料尺寸，直接在板料或型钢表面上，画出零构件形状的加工界线，采用剪切、冲裁、锯切、气割等制作的过程。

（1）下料准备。

1）准备好下料的各种工具。如各种量尺、手锤、中心冲、划规、划针和凿子及前述剪、冲、锯、割等工具。

2）检查对照样板及计算好的尺寸是否符合图纸的要求。如果按图纸的几何尺寸直接在板料上或型钢上下料时，应细心检查计算下料尺寸是否正确，防止错误并避免由于错误产生废品。

3）发现材料上有疤痕、裂纹、夹层及厚度不足等缺陷时，应及时与有关部门联系研究决定后再进行下料。

4）钢材有弯曲和凹凸不平时，应先矫正，以减小下料误差。

材料的摆放，两型钢或板材边缘之间至少有 50~100mm 的距离以便画线。规格较大的型钢和钢板放、摆料要有吊车配合进行，可提高工效，保证安全。

（2）下料加工符号。下料常用的符号见表 5-1。

常用下料符号 表 5-1

序 号	名 称	符 号	序 号	名 称	符 号
1	板缝线		5	余料切线	
2	中心线		6	弯曲线	
3	R 曲线		7	结构线	
4	切断线		8	刨边符号	

在下料工作完成后，在零件的加工线、拼缝线及孔的中心位置上应打冲印或凿印，同时用标记笔或色漆在材料的图形上注明加工内容，为剪切、冲裁和气割等加工提供方便。

3. 切割下料

钢材的下料切割方法通常可根据具体要求和实际条件参照表 5-2 选用。

120

类　　　别	使用设备	特点及适用范围
机　械 切　割	剪板机 型钢冲剪机	切割速度快、切口整齐、效率高，适用薄钢板，压型钢板、冷弯钢管的切削
	无齿锯	切割速度快、可切割不同形状、不同对的各类型钢、钢管和钢板，切口不光洁，噪声大，适于锯切精度要求较低的构件或下料留有余量最后尚需精加工的构件
	砂轮锯	切口光滑、生刺较薄易清除、噪声大，粉尘多，适于切割薄壁型钢及小型钢管，切割材料的厚度不宜超过4mm
	锯　床	切割精度高，适于切割各类型钢及梁、柱等型钢构件

（1）剪切下料。剪切一般在斜口剪床、龙门剪床、圆盘剪床等专用机床上进行。

1）在斜口剪床上剪切。为了使剪刀片具有足够的剪切能力，其上剪刀片沿长度方向的斜度一般为$10° \sim 15°$，截面的角度为$75° \sim 80°$。这样可避免在剪切时剪刀和钢板材料之间产生摩擦。

上、下剪刀片之间的间隙，根据剪切钢板厚度不同，可以进行调整。其间隙见表5-3，厚度越厚，间隙应越大一些。一般斜口剪床适用于剪切厚度在25mm以下的钢板。

斜口剪床上、下刀片之间的间隙（mm）　　　　表5-3

钢板厚度	<5	6 ~ 14	15 ~ 30	30 ~ 40
刀片间隙	0.08 ~ 0.09	0.1 ~ 0.3	0.4 ~ 0.5	0.5 ~ 0.6

2）在龙门剪床上剪切。剪切前将钢板表面清理干净，并划出剪切线，然后将钢板放在工作台上，剪切时，首先将剪切线的两端对准下刀口。多人操作时，选定一人指挥控制操纵机构。剪床的压紧机构先将钢板压牢后，再进行剪切。这样一次就完成全长的剪切，而不像斜口剪床那样分几段进行。因此，在龙门剪床上进行剪切操作要比斜口剪床容易掌握。龙门剪床上的剪切长度不能超过下切口长度。

3）在圆盘管剪切机上剪切。圆盘剪切机是剪切曲线的专用设备。钢板放在两盘之间，可以剪切任意曲线形。在圆盘剪切机上进行剪切之前，首先要根据被剪切钢板厚度调整上、下两只圆盘剪刀的距离。

剪切是一种高效率切割金属的方法，切口也较光洁平整，但也有一定的缺点，主要有以下三个方面：

①零件经剪切后发生弯曲和扭曲变形，剪切后必须进行矫正。

②如果刀片间隙不适当，则零件剪切断面粗糙并带有毛刺或出现卷边等不良现象。

③在剪切过程中，由于切口附近金属受剪力作用而发生挤压、弯曲而变形，由此而使该区域的钢材发生硬化。

当被剪切的钢板厚度小于25mm时，一般硬化区域宽度在$1.5 \sim 2.5$mm之间。因此，在制造重要的结构件时，需将硬化区的宽度刨削除掉或者进行热处理。

（2）冲裁下料。对成批生产的构件或定型产品，应用冲裁下料，可提高生产效率和产品质量。

冲裁方法如图 5-1（a）所示，冲裁时材料置于凸凹模之间，冲裁模具的间隙如图 5-1（b）所示。在外力的作用下，凸凹模产生一对剪切力（劈切线通常是封闭的），材料在剪切力作用下被分离。冲裁过程中材料的变形情况及断面状况，与剪切时大致相同。

冲裁一般在冲床上进行。常用的冲床有曲轴冲床和偏心冲床两种。

冲裁加工操作要点：

1）搭边值的确定。为保证冲裁件质量和模具寿命，冲裁时料在凸模工作刃口外侧应留足够的宽度，即搭边。搭边值 a 一般根据冲裁件的板厚 t 按以下关系选取：

圆形零件：$a \geq 0.7t$；方形零件；$a \geq 0.8t$。

2）合理排样。冲裁加工时的合理排样，是降低生产成本的有效途径，就是要保证必要的搭边值并尽量减少废料，如图 5-2 所示。

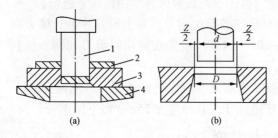

图 5-1　冲裁
1—凸模；2—板料；3—凹模；4—冲床工作台

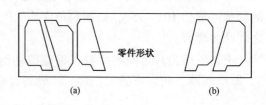

图 5-2　排样
（a）合理排样；（b）不合理排样

3）可能冲裁的最小尺寸。零件冲裁加工部分尺寸愈小，则所需冲裁边也愈小，但不能过小，尺寸过小将会造成凸模样单位面积上的压力过大，使其强度不足。零件冲裁加工部分的最小尺寸，与零件的形状、板厚及材料的机械性能有关。采用一般冲模在较软钢料上所能冲出的最小尺寸为：方形零件最小边长 $= 0.9t$；矩形零件最小短边 $= 0.8t$；长圆形零件两直边最小距离 $= 0.7t$（注：t 为冲裁件板厚）。

（3）气割下料。气割可以切割较大厚度范围的钢材，而且设备简单，费用经济，生产效率较高，并能实现空间各种位置的切割。所以，在金属结构制造与维修中，得到广泛的应用。尤其对于本身不便移动的巨大金属结构，应用气割更显示其优越性。

1）气割条件。金属材料只有满足下列条件，才能进行气割：

①金属材料的燃点必须低于其熔点。这是保证切割在燃烧过程中进行的基本条件。否则，切割时金属先熔化变为熔割过程，使割口过宽，而且不整齐。

②燃烧生成的金属氧化物的熔点，应低于金属本身的熔点，同时流动性要好。否则，就会在割口表面形成固态氧化物，阻碍氧气流与下层金属的接触，使切割过程不能正常进行。

③金属燃烧时应能放出大量的热，而且金属本身的导热性要低。这是为了保证下层金属有足够的预热温度，使切割过程能连续进行。

满足上述条件金属材料有纯铁、低碳钢、中碳钢和普通低合金钢。而铸铁、高碳钢、高合金钢及铜、铝等有色金属及其合金，均难以进行氧—乙炔气割。

2）手工气割操作要点。首先点燃割炬，随即调整火焰。火焰的大小应根据工件的厚薄调整适当，然后进行切割。

开始切割时，若预热钢板的边缘略呈红色时，将火焰局部移出边缘线以外，同时慢慢打开切割氧气阀门。如果预热的红点在氧流中被吹掉，此时应打开大切割氧气阀门。当有氧化铁渣随氧流一起飞出时，证明已割透，这时即可进行正常切割。

若遇到切割必须从钢板中间开始，要在钢板上先割出孔，再按切割线进行切割。割孔时，首先预热要割孔的地方，然后将割嘴提起离钢板约15mm左右，再慢慢开启切割氧阀门，并将割嘴稍侧倾并旁移，使熔渣吹出，直至将钢板割穿，再沿切割线切割。

在切割过程中，有时因嘴头过热或氧化铁渣的飞溅，使割炬嘴头堵住或乙炔供应不及时，嘴头产生鸣爆并发生回火现象。这时应迅速关闭预热氧气，切割炬仍然发出"嘶、嘶"声，说明割炬内回火尚未熄灭，这时应再迅速将乙炔阀门关闭或者迅速拔下割炬上的乙炔气管，使回火的火焰气体排出。处理完毕，应先检查割炬的射吸能力，然后方可重新点燃割炬。

切割临近终点时，嘴头应略向切割前进的反方向倾斜，以利于钢板的下部提前割透，使收尾时割缝整齐。当到达终点时，应迅速关闭切割氧气阀门，并将割炬抬起，再关闭乙炔阀门，最后关闭预热氧阀门。

（4）钢材切割质量预控项目及防治措施。

1）钢材切割经常出现的质量问题：

①零、部件表面遗留硬性锤伤。因焊接损伤了构件表面。

②冷、热弯曲、矫正和拼装用的模具、机具表面存在锐角边棱，损伤了零、部件表面。

③钢材用机械剪切后和边缘存在硬化层或断裂层以及气割后的淬硬层（或氧化层），这些部分未作相应处理而改变材质性能和损伤零件边缘的截面。

2）主要原因。操作方法不当，工艺过程不符合规定要求。

3）防治措施：

①操作使用的锤顶不应突起，打锤时锤顶与零件表面应水平接触，必要时应用锤垫保护，以防止偏击而使零件表面留下硬性锤痕以致损伤表面。

②冷、热弯曲、矫正加工及装配时，使用的模具和机具的表面过分粗糙时，应加工成圆弧过渡的圆弧面；对精度要求较高的零件加工，其模具表面的加工精度不能低于$Ra12.5$，避免突出的锐角棱边损伤零件表面；其表面损伤、划痕深度不能大于0.5mm；如超过时需补焊，然后打磨处理与母材平齐。

③重要承重结构的钢板用冲压机械剪切时，由于剪切应力很大，剪切边缘有1.5～2.0mm的区域产生冷作硬化，使钢材脆性增大，因此，对于厚度较大承受动力荷载一类重要结构，剪切后应将金属的硬化层部分刨削或铲削除去。

④对重级工作制吊车梁等受拉零件的全部边缘用气割或机械剪切时，应沿全长硬化层部分刨除；用半自动或手工气割局部时，应用机械或砂轮将局部淬硬层除去。

⑤矫正、拼装、焊接具有孔、槽和表面精度要求较高零件时应认真加以保护，以保证结构的精度及表面不受损伤。

⑥为防止焊接损伤构件表面，引弧或打火应在焊缝中间进行；为避免在起焊处产生温差或凹陷弧坑，焊接对接接头和T形接头的焊缝，应在焊件的两端设置引弧板，其材质、

坡口型式应与焊件相同。

⑦焊接规定需预热的焊件以及在拼装时用的引弧板、组装卡具，焊前均应按焊件规定的温度进行预热；焊接结束应用气割切除并用砂轮修磨使其与母材平齐。不得用大锤击落，以免损伤母材。

⑧实腹式吊车梁等动力荷载一类的受拉构件，多以低合金高强钢板组合成，该种材质钢板焊接时，在局部受热（焊点，电弧划伤）、划痕、缺口等表面损伤部位，常发生脆裂现象，因此在制造过程中必须特别注意，不能随意在梁的腹板、下翼缘等部位动火切割和点焊、卡具；吊装或运输时应设溜绳控制方向加以保护，严禁与其他坚硬物体冲击相撞。

5.1.2 矫正、边缘加工和制孔

1. 矫正

在钢结构制作过程中，由于原材料变形、气割与剪切变形、焊接变形、运输变形等，影响构件的制作及安装质量。

碳素结构钢在环境温度低于16℃和低合金结构钢在环境温度低于12℃时，为避免钢材冷脆断裂不得进行冷矫正和冷弯曲。矫正后的钢材表面不应有明显的凹痕和损伤，表面划痕深度不得大于0.1mm。当采用火焰矫正时，加热温度应根据钢材性能选定。但不得超过900℃，低合金钢在加热矫正后应慢慢冷却。

矫正就是造成新的变形去抵消已经发生的变形。型钢的矫正分为机械矫正、手工矫正和火焰矫正等。

型钢在矫正时，先要确定弯曲点的位置（又称找弯），这是矫正工作不可缺少的步骤。在现场确定型钢变形位置，常用平尺靠量，拉直粉线来检验，但多数是用目测。对长度较短的型钢测弯曲点时采用直尺测量，较长的应用拉线法测量。

（1）型钢机械矫正。型钢机械矫正是在型钢矫直机上进行的。型钢矫直机的工作力有侧向水平推力和垂直向下压力两种。两种型钢矫正机的工作部分是由两个支承和一个推撑构成。推撑可作伸缩运动，伸缩距离可根据需要进行控制，两个支承固定在机座上，可按型钢弯曲程度来调整两支承点之间的距离。一般矫大弯距离则大，矫小弯距离则小。在矫直机的支承、推撑之间的下平面至两端，一般安设数个带轴承的转动轴或滚筒支架设施，便于矫正较长的型钢时，来回移动省力。

（2）型钢半自动机械矫正。型钢变形的矫正除用机械矫正外，在安装工地常用扳弯器、压力机、千斤顶等小型机具进行半自动机械矫正。

（3）型钢手工矫正。型钢用人力大锤进行矫正，多数是用在小规格的各种型钢上，依点捶击力进行矫正。因型钢结构的刚度较薄钢板强，因此，用捶击矫正各种型钢的操作原则为见凸就打。

（4）型钢火焰矫正法。用氧—乙炔焰或其他气体的火焰对部件或构件变形部位进行局部加热，利用金属热胀冷缩的物理性能，钢材受热冷却时产生很大的冷缩应力来矫正变形。

2. 边缘加工

钢吊车梁翼缘板的边缘、钢柱脚和肩梁承压支承以及其他要求刨平顶紧的部位，焊接对接口、焊接坡口的边缘、尺寸要求严格的加劲板、隔板腹板和有孔眼的节点板，以及由于切割下料产生硬化的边缘或采用气割、等离子弧切割下料产生带有有害组织的热影响区，一般均需边缘加工进行刨边、刨平或刨坡。

边缘加工方法有：采用刨边机（或刨床）刨边、端面铣床铣边、电弧气刨刨边、型钢切割机切边、半自动机自动气割机切边、等离子弧切割边、砂轮机磨边以及风铲铲边等焊接坡口加工形式和尺寸应根据图样和构件的焊接工艺进行。除机械加工方法外，对要求不高的坡口亦可采用气割或等离子弧切割方法。用自动或半自动气割机切割。对于允许以碳弧气刨方法加工焊接坡口或焊缝背面清根时，在保证气刨槽平直深度均匀的前提下可采用半自动碳弧气刨。

当用气割方法切割碳素钢和低合金钢焊接坡口时，对屈服强度小于 400N/mm 的钢只将坡口熔渣、氧化层等消除干净，并将影响焊接质量的凹凸不平处打磨平整；对屈服强度不小于 400N/mm 的钢材，应将坡口表面及热影响区用砂轮打磨去除淬硬层。

当用碳弧气刨方法加工坡口或清焊根时，刨槽内的氧化层、淬硬层、顶碳或铜迹必须彻底打磨干净。边缘加工的允许偏差见表 5-4。

边缘加工的允许偏差（mm）　　　　　　　　表 5-4

项　　　目	允许偏差	项　　　目	允许偏差
零件宽度、长度	±1.0	加工面垂直度	$0.025t$，且不应大于 0.5
加工边直线度	$L/3000$，且不应大于 2.0	加工面表面粗糙度	
相邻两边夹角	±6′		

注：t 为构件厚度。

3. 制孔

（1）钻孔。钻孔有人工钻孔和机床钻孔两种方式。前者由人工直接用手枪式或手提式电钻钻孔。多用于钻直径较小、板料较薄的孔，亦可采用压杠钻孔，由二人操作，可钻一般性钢结构的孔，不受工件位置和大小的限制；后者用台式或立式摇臂式钻床钻孔，施钻方便，工效和精度高。

构件钻孔前应进行试钻，经检查认可后方可正式钻孔。钻制精度要求高的精制螺栓孔或板叠层数多、长排连接、多排连接的群孔，可借助钻模卡在工件上制孔；使用钻模厚度一般为 15mm 左右，钻套内孔直径比设计孔径大 0.3mm；为提高工效，亦可将同种规格的板件叠合在一起钻孔，但必须卡牢或点焊固定；成对或成副的构件，宜成对或成副钻孔以便构件组装。

（2）冲孔。冲孔是用冲孔机将板料冲出孔来，效率高，但质量较钻孔差，仅用于非圆孔和薄板制冲孔操作。构件冲孔时，应装好冲模，检查冲模之间间隙是否均匀一致，并用与构件相同的材料试冲，经检查质量符合要求后，再正式冲孔。冲孔的直径应大于板厚，板面的孔应比上模的冲头直径大 0.8~1.5mm。大批量冲孔时，应按批抽查孔的尺寸及孔的中心距，以便及时发现问题，及时纠正。当环境温度低于 20℃时，应禁止冲孔。

（3）扩孔。扩孔是将已有孔眼扩大到需要的直径。主要用于构件的拼装和安装，如叠层连接板孔，常先把零件孔钻成比设计小 3mm 的孔，待整体组装后再行扩孔，以保证孔眼一致，孔壁光滑，或用于钻直径 30mm 以上的孔，先钻成小孔，后扩成大孔，以减小钻端阻力，提高工效。

扩孔工具用扩孔钻或麻花钻，用麻花钻扩孔时，需将后角修小，使切屑少而易于排除，可提高孔的表面光洁度。

（4）锪孔。锪孔是将已钻好的孔上表面加工成一定形状的孔，常用的有锥形埋头孔、圆柱形埋头孔等。锥形埋头孔应用专用锥形锪钻制孔，或用麻花钻改制，将顶角磨成所需要的大小角度；圆柱形埋头孔应用柱形锪钻，用其端面刀及切削，锪钻前端设导柱导向，以保证位置正确。

（5）制孔精度。A、B级螺栓孔（I类孔）应具有 H12 的精度，孔壁表面粗糙度 R 不应大于 12.5mm。其孔径的允许偏差应符合表 5-5 的规定。C级螺栓孔（II类孔），孔壁表面粗糙度 R 不应大于 25mm，其允许偏差应符合表 5-6 的规定。

A、B 级螺栓孔径的允许偏差（mm）   表 5-5

序号	螺栓公称直径、螺栓孔直径	螺栓公称直径、允许误差	螺栓孔直径、允许误差	检查数量	检验方法
1	10～18	0.00，-0.21	+0.18，0.00	按钢构件数量抽查 10%，且不应小于 3 件	用游标卡尺或孔径量规检查
2	18～30	0.00，-0.21	+0.21，0.00		
3	30～50	0.00，-0.25	+0.25，0.00		

C 级螺栓孔径的允许偏差（mm）   表 5-6

项　目	允许偏差	检查数量	检验方法
直　径	+1.0，0.0	按钢构件数量抽 10% 且不应小于 3 件	用游标卡尺或孔径量规检查
圆　度	2.0		
垂直度（t 为钻孔材料厚度）	0.03t，且≤2.0		

（6）孔距要求。根据《钢结构工程施工质量验收规范》（GB 50205），螺栓孔孔距的允许偏差应符合表 5-7 的规定，按钢构件数量抽查 10%，且不应少于 3 件，用钢尺检查。

螺栓孔孔距的允许偏差超过表 5-7 规定的允许偏差时，应采用与母材材质相匹配的焊条补焊后重新制孔，通过观察全数检查。

螺栓孔孔距允许偏差（mm）   表 5-7

螺栓孔距范围	≤500	501～1200	1201～3000	>3000
同一组内任意两孔间距离	±1.0	±1.5	—	—
相邻两组的端孔间距离	±1.5	±2.0	±2.5	±3.0

注：1. 在节点中连接板与一根杆件相连的所有螺栓孔为一组；
    2. 对接接头处拼接板一侧的螺栓孔为一组；
    3. 在两相邻节点或接头间的螺栓孔为一组，但不包括上述两项所规定的螺栓孔；
    4. 受弯构件翼缘上的连接螺栓孔，每米长度范围内的螺栓孔为一组。

5.2 钢结构的拼装与连接

5.2.1 钢构件的拼装

1. 钢构件预拼装

构件在预拼装时，不仅要防止构件在拼装过程中产生的应力变形，而且也要考虑到构件在运输过程中将会受到的损害，必要时应采取一定的防范措施，尽可能地将损害降到最低点。

钢构件预拼装基本要求如下：

（1）钢构件预拼装比例应符合施工合同和设计要求，一般按实际平面情况预装10% ~ 20%。

（2）拼装构件一般应设拼装工作台，如在现场拼装，则应放在较坚硬的场地上用水平仪找平。拼装时构件全长应拉通线，并在构件有代表性的点上用水平尺找平，符合设计尺寸后电焊点固焊牢。刚性较差的构件，翻身前要进行加固，构件翻身后也应进行找平，否则，构件焊接后无法矫正。

（3）构件在制作、拼装、吊装中所用的钢尺应统一，且必须经计量检验，并相互核对，测量时间宜在早晨日出前，下午日落后最佳。

（4）各支承点的水平度应符合下列规定：

1）当拼装总面积在 300 ~ 1000m² 时，允许偏差≤2mm；

2）当拼装总面积在 1000 ~ 5000m² 时，允许偏差 <3mm。

单构件支承点不论柱、梁、支撑，应不少于两个支承点。

（5）钢构件预拼装地面应坚实，胎架强度、刚度必须经设计计算而定，各支承点的水平精度可用已计量检验的各种仪器逐点测定调整。

（6）在胎架上预拼装过程中，不得对构件动用火焰、锤击等，各杆件的重心线应交汇于节点中心，并应完全处于自由状态。

（7）预拼装钢构件控制基准线与胎架基线必须保持一致。

（8）高强度螺栓连接预拼装时，使用冲钉直径必须与孔径一致，每个节点要多于3只，临时普通螺栓数量一般为螺栓孔的1/3。对孔径检测，试孔器必须垂直自由穿落。

（9）所有需要进行预拼装的构件制作完毕后，必须经专检员验收，并应符合质量标准的要求。相同的单构件可以互换，也不会影响整体几何尺寸。

（10）大型框架露天预拼装的检测时间，在日出前、日落后定时进行，所用卷尺精度应与安装单位一致。

2. 拼装方法

（1）平装法。平装法适用于拼装跨度较小、构件相对刚度较大的钢结构，如长 18m 以内钢柱、跨度 6m 以内天窗架及跨度 21m 以内的钢屋架的拼装。

该拼装方法操作方便，不需要稳定加固措施，也不需要搭设脚手架。焊缝焊接大多数为平焊缝，焊接操作简易，不需要技术很高的焊接工人，焊缝质量易于保证，校正及起拱方便、准确。

（2）立拼法。立拼法可适用适于跨度较大、侧向刚度较差的钢结构，如 18m 以上钢柱、跨度 9m 及 12m 窗架、24m 以上钢屋架以及屋架上的天窗架。

立拼法可一次拼装多榀，块体占地面积小，不用铺设或搭设专用拼装操作平台或枕木墩，节省材料和工时。省却翻身工序，质量易于保证，不用增设专供块体翻身、倒运、就位、堆放的起重设备，缩短工期。块体拼装连接件或节点的拼接焊缝可两边对称施焊，可防止预制构件连接件或钢构件因节点焊接变形而使整个块体产生侧弯。但需搭设一定数量稳定支架，块体校正、起拱较难，钢构件的连接节点及预制构件的连接件的焊接立缝较多，增加焊接操作的难度。

（3）利用模具拼装法。模具是指符合工件几何形状或轮廓的模型（内模或外模）。用模具来拼装组焊钢结构，具有产品质量好、生产效率高等许多优点。对成批的板材结构、型钢结构，应当考虑采用模具拼组装。

3. 拼装施工

（1）修孔。在施工过程中，修孔现象时有发生，如错孔在 3.0mm 以内时，一般都用铣刀铣孔或铰刀铰孔，其孔径扩大不超过原孔径的 1.2 倍。如错孔超过 3.0mm，一般都用焊条焊补堵孔，并修磨平整，不得凹陷。

考虑到目前各制作单位大多采用模板钻机，如果发现错孔，则一组孔均错，各制作单位可根据节点的重要程度来确定采取焊补孔或更换零部件。特别强调不得在孔内填塞钢块，否则会酿成严重后果。

（2）工字钢梁、槽钢梁拼装。工字钢梁和槽钢梁分别是由钢板组合的工程结构梁，它们的组合连接形式基本相同，仅是型钢的种类和组合成型的形状不同。

1）在拼装组合时，首先按图纸标注的尺寸、位置在面板和型钢连接位置处进行划线定位。

2）在组合时，如果面板宽度较窄，为使面板与型钢垂直和稳固，防止型钢向两侧倾斜，可用与面板同厚度的垫板临时垫在底面板（下翼板）两侧来增加面板与型钢的接触面。

3）用直角尺或水平尺检验侧面与平面垂直，几何尺寸正确后，方可按一定距离进行点焊。

4）拼装上面板以下底面板为基准。为保证上下面板与型钢严密结合，如果接触面间隙大，可用撬杠或卡具压严靠紧，然后进行点焊和焊接。

（3）箱形梁拼装。箱形梁的结构有钢板组成的，也有型钢与钢板混合结构组成的，但多数箱形梁的结构是采用钢板结构成型的。箱形梁是由上下面板、中间隔板及左右侧板组成。

箱形梁的拼装过程是先在底面板画线定位，然后按位置拼装中间定向隔板。为防止移动和倾斜，应将两端和中间隔板与面板用型钢条临时点固。然后，以各隔板的上平面和两侧面为基准，同时拼装箱形梁左右立板。两侧立板的长度，要以底面板的长度为准靠齐并点焊。如两侧板与隔板侧面接触间隙过大时，可用活动型卡具夹紧，再进行点焊。最后，拼装梁的上面板，如果上面板与隔板上平面接触间隙大、误差多时，可用手砂轮将隔板上端找平，并用〕型卡具压紧进行点焊和焊接。

（4）钢柱拼装。

1）施工步骤。

128

①平装。先在柱的适当位置用枕木搭设 3~4 个支点。各支承点高度应拉通线,使柱轴线中心线成一水平线,先吊下节柱找平,再吊上节柱,使两端头对准,然后找中心线,并把安装螺栓或夹具上紧,最后进行接头焊接,采取对称施焊,焊完一面再翻身焊另一面。

②立拼。在下节柱适当位置设 2~3 个支点,上节柱设 1~2 个支点,各支点用水平仪测平垫平。拼装时先吊下节,使牛腿向下,并找平中心,再吊上节,使两节的节头端相对准,然后找正中心线,并将安装螺栓拧紧,最后进行接头焊接。

2)柱底座板和柱身组合拼装。柱底座板与柱身组合拼装时,应符合下列规定:

①将柱身按设计尺寸先行拼装焊接,使柱身达到横平竖直,符合设计和验收标准的要求。如果不符合质量要求,可进行矫正以达到质量要求。

②将事先准备好的柱底板按设计规定尺寸,分清内外方向画结构线并焊挡铁定位,以防在拼装时位移。

③柱底板与柱身拼装之前,必须将柱身与柱底板接触的端面用刨床或砂轮加工平。同时将柱身分几点垫平,使柱身垂直柱底板,使安装后受力均称,避免产生偏心压力,以达到质量要求。

④拼装时,将柱底座板用角钢头或平面型钢按位置点固,作为定位倒吊挂在柱身平面,并用直角尺检查垂直度及间隙大小,待合格后进行四周全面点固。为防止焊接变形,应采用对角或对称方法进行焊接。

⑤如果柱底板左右有梯形板时,可先将底板与柱端接触焊缝焊完后,再组装梯形板,并同时焊接,这样可避免梯形板妨碍底板缝的焊接。

(5)钢屋架拼装。钢屋架多数用底样采用仿效方法进行拼装,其过程如下:

1)按设计尺寸,并按长、高尺寸,以 1/1000 预留焊接收缩量,在拼装平台上放出拼装底样。

2)在底样上一定按图画好角钢面宽度、立面厚度,作为拼装时的依据。如果在拼装时,角钢的位置和方向能记牢,其立面的厚度可省略不画,只画出角钢面的宽度即可。

3)放好底样后,将底样上各位置上的连接板用电焊点牢,并用档铁定位,作为第一次单片屋架拼装基准的底模。接着,就可将大小连接板按位置放在底模上。

4)屋架的上下弦及所有的立、斜撑,限位板放到连接板上面,进行找正对齐,用卡具夹紧点焊。待全部点焊牢固,可用起重机翻 180°,这样就可用该扇单片屋架为基准仿效组合拼装。

5)拼装时,应给下一步运输和安装工序创造有利条件。除按设计规定的技术说明外,还应结合屋架的跨度(长度),作整体或按节点分段进行拼装。

6)屋架拼装一定要注意平台的水度,如果平台不平,可在拼装前用仪器或拉粉线调整垫平,否则拼装成的屋架,在上下弦及中间位置产生侧向弯曲。

7)对特殊动力厂房屋架,为适应生产性质的要求强度,一般不采用焊接而用铆接。

以上的仿效复制拼装法具有效率高、质量好、便于组织流水作业等优点。因此,对于截面对称的钢结构,如梁、柱和框架等都可应用。

(6)梁的拼接。梁的拼接有工厂拼接和工地拼接两种形式。

1)工厂拼接。由丁钢材尺寸的限制,需将梁的翼缘或腹板接长或拼大,这种拼接在工厂中进行,故称工厂拼接。

①工厂拼接多为焊接拼接，由钢材尺寸确定其拼接位置。拼接时，翼缘拼接与腹板拼接最好不要在一个剖面上，以防止焊缝密集与交叉。

②腹板和翼缘通常都采用对接焊缝拼接，拼接焊缝可用直缝或斜缝。腹板的拼接焊缝与平行的加劲肋间至少应相距 $10t_w$。

用直焊缝拼接比较省料，但如焊缝的抗拉强度低于钢板的强度，则可将拼接位置布置在应力较小的区域。

采用斜焊缝时，斜焊缝可布置在任何区域，但较费料，尤其是在腹板中。

此外，也可以用拼接板拼接。这种拼接与对接焊缝拼接相比，虽然具有加工精度要求较低的优点，但用料较多，焊接工作量增加，而且会产生较大的应力集中。

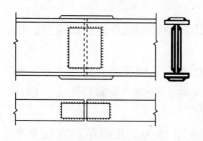

图5-3　梁用拼接板的拼接

2）工地拼接。由于运输或安装条件的限制，梁需分段制作和运输，然后在工地拼装，这种拼接称工地拼接。

①工地拼接的位置主要由运输和安装条件确定，一般布置在弯曲应力较低处。

②翼缘和腹板应基本上在同一截面处断开，以便于分段运输。拼接构造端部平齐，能防止运输时碰损，但其缺点是上、下翼缘及腹板在同一截面拼接会形成薄弱部位。翼缘和腹板的拼接位置略为错开一些，受力情况较好，但运输时端部突出部分应加以保护，以免碰损。

③焊接梁的工地对接缝拼接处，上、下翼缘的拼接边缘均宜做成向上的 V 形坡口，以便俯焊。为了使焊缝收缩比较自由，减小焊接残余应力，应留一段（长度 500mm 左右）翼缘焊缝在工地焊接，并采用合适的施焊程序。

④对于较重要的或受动力荷载作用的大型组合梁，考虑到现场施焊条件较差，焊缝质量难以保证，其工地拼接宜用摩擦型高强度螺栓连接。

（7）框架横梁与柱的连接。框架横梁与柱直接连接时，可采用螺栓连接，也可采用焊缝连接，其连接方案大致有柱到顶与梁连接、梁延伸与柱连接和梁柱在角中线连接。

这三种工地安装连接方案各有优缺点。所有工地焊缝均采用角焊缝，以便于拼装，另加拼接盖板可加强节点刚度。但在有檩条或墙架的框架中，会使横梁顶面或柱外立面不平，产生构造上的麻烦，对此，可将柱或梁的翼缘伸长与对方柱或梁的腹板连接。

对于跨度较大的实腹式框架，由于构件运输单元的长度限制，常需在屋脊处作一个工地拼接，可用工地焊缝或螺栓连接。工地焊缝需用内外加强板，横梁之间的连接用突缘结合。螺栓连接则宜在节点处变截面，以加强节点刚度。拼接板放在受拉的内角翼缘处，变截面处的腹板设有加劲肋。

4. 拼装检查

钢构件预拼装完成后，应对其进行必要的检查。构件拼装的允许偏差应符合表 5-8 的规定。

拼装检查合格后，对上下定位中心线、标高基准线、交线中心点等应标注清楚、准确。对管结构、工地焊缝连接处等，除应有上述标记外，还应焊接一定数量的卡具、角钢或钢板定位器等，以便按预拼装结果进行安装。

构件类型	项　目		允许偏差	检验方法
多节柱	预拼装单元总长		±5.0	用钢尺检查
	预拼装单元弯曲矢高		$l/1500$，且应不大于10.0	用拉线和钢尺检查
	接口错边		2.0	用焊缝量规检查
	预拼装单元柱身扭曲		$h/200$，且应不大于5.0	用拉线，吊线和钢尺检查
	顶紧面至任一牛腿距离		±2.0	用钢尺检查
梁、桁架	跨度最外两端安装孔或两端支承面外侧距离		+5.0，−10.0	
	接口截面错位		2.0	用焊缝量规检查
	拱度	设计要求起拱	±$l/5000$	用拉线和钢尺检查
		设计未要求起拱	±$l/2000$，0	
	节点处杆件轴线错位		4.0	画线后用钢尺检查
管构件	预拼装单元总长		±5.0	用钢尺检查
	预拼装单元弯曲矢高		$l/1500$，且应不大于10.0	用拉线和钢尺检查
	对口错边		$t/10$，且应不大于3.0	用焊缝量规检查
	坡口间隙		+2.0，−10	
构件平面总体预拼装	各楼层柱距		±4.0	用钢尺检查
	相邻楼层梁与梁之间		±3.0	
	各层间框架两对角线之差		$H/2000$，且应不大于5.0	
	任意两对角线之差		$H/2000$，且应不大于8.0	

5.2.2　钢结构连接

钢结构是由钢板、型钢等通过连接制成基本构件（如梁、柱、桁架等），运到工地现场安装连接成整体结构。紧固件连接在钢结构工程中得到了广泛的应用，在钢结构设计和制作过程中都会遇到紧固件连接问题。

钢结构所用的连接方法有：焊缝连接、铆钉连接和螺栓连接三种。

1. 焊缝连接

焊缝连接是现代钢结构最主要的连接方法。其优点是不削弱构件截面，节省钢材；焊件间可直接焊

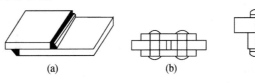

图5-4　钢结构的连接方法

（a）焊缝连接；（b）铆钉连接；（c）螺栓连接

接，构造简单，加工简便，连接的密封性好，刚度大；易于采用自动化生产。但是，焊接结构中不可避免地产生残余应力和残余变形，对结构的工作产生不利影响；在焊缝的热影响区内钢材的力学性能发生变化，材质变脆；焊接结构对裂纹很敏感，一旦局部发生裂纹，便有可能迅速扩展到整个截面，尤其是低温下更易发生脆裂。

（1）焊接结构生产工艺过程

焊接结构种类繁多，其制造、用途和要求有所不同，但所有的结构都有着大致相近的生产工艺过程。焊接结构生产的主要工艺过程如图5-5所示。

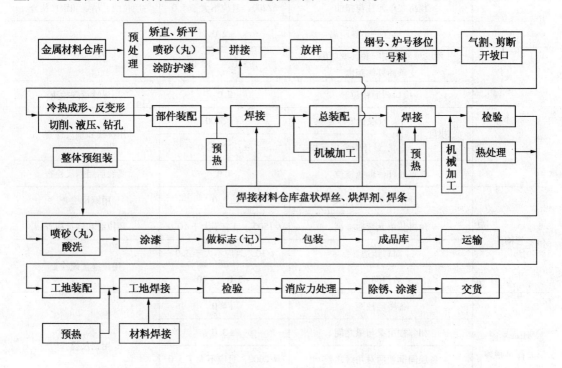

图5-5 焊接结构生产的主要工艺过程

（2）焊接材料及其保管和使用

1）焊接材料。

①焊条。涂有药皮的供焊条电弧焊用的熔化电极称为焊条。焊条电弧焊时，焊条既作为电极传导电流而产生电弧，为焊接提供所需热量；又在熔化后作为填充金属过渡到熔池，与熔化的焊件金属熔合，凝固后形成焊缝。

②焊剂。埋弧焊时，能够熔化形成熔渣和气体，对熔化金属起保护并进行复杂的冶金反应的一种颗粒状物质称为焊剂。

③焊丝。焊丝的分类方法很多，常用的分类方法如下：

a. 按被焊的材料性质分，有碳钢焊丝、低合金钢焊丝、不锈钢焊丝、铸铁焊丝和有色金属焊丝等。

b. 按使用的焊接工艺方法分，有埋弧焊用焊丝、气体保护焊用焊丝、电渣焊用焊丝、堆焊用焊丝和气焊用焊丝等。

c. 按不同的制造方法分，有实芯焊丝和药芯焊丝两大类。其中，药芯焊丝又分为气保护焊丝和自保护焊丝两种。

2) 焊接材料的保管和使用。

① 焊条的保管和使用。

a. 焊条的贮存与保管：

库房温度与湿度的关系　　表5-9

气温	>5~20℃	20~30℃	>30℃
相对湿度	60%以下	50%以下	40%以下

• 焊条必须在干燥通风良好的室内仓库中存放，焊条贮存库内不允许放置有害气体和腐蚀性介质。室内应保持整洁，应设有温度计、湿度计和去湿机。库房的温度与湿度必须符合表5-9的要求。

• 库内无地板时，焊条应存放在架子上，架子离地面高度不小于300mm，离墙壁距离不小于300mm。架子下应放置干燥剂，严防焊条受潮。

• 焊条堆放时应按种类、牌号、批次、规格、入库时间分类堆放。每垛应有明确标注，避免混乱。

• 焊条在供给使用单位之后至少6个月之内可保证使用，入库的焊条应做到先入库的先使用。

• 特种焊条贮存与保管应高于一般性焊条，应堆放在专用仓库或指定的区域，受潮或包装破损的焊条未经处理不许入库。

• 对于受潮、药皮变色、焊芯有锈迹的焊条，须经烘干后进行质量评定，若各项性能指标满足要求时方可入库，否则不准入库。

• 一般焊条出库量不能超过两天用量，已经出库的焊条焊工必须保管好。

b. 焊条的烘干与使用：

• 发放使用的焊条必须有质保书和复验合格证。

• 焊条在使用前，如果焊条使用说明书无特殊规定时，一般都应进行烘干。酸性焊条视受潮情况和性能要求，在75~150℃烘干1~2h；碱性低氢型结构钢焊条应在350~400℃烘干1~2h，烘干的焊条应放在100~150℃保温箱（筒）内，随取随用，使用时注意保持干燥。

• 根据《焊接材料质量管理规程》（JB 3223）规定，低氢型焊条一般在常温下超过4h，应重新烘干，重复烘干次数不宜超过三次。

• 烘干焊条时，禁止将焊条突然放进高温炉内，或从高温炉中突然取出冷却，防止焊条骤冷骤热而产生药皮开裂脱皮现象。

• 焊条烘干时应作记录，记录上应有牌号、批号、温度、时间等项内容。

• 焊工领用焊条时，必须根据产品要求填写领用单，其填写项目应包括生产工号、产品图号、被焊工件钢号、领用焊条的牌号、规格、数量及领用时间等，并作为下班时回收剩余焊条的核查依据。

• 防止焊条牌号用错，除建立焊接材料领用制度外，还应相应建立焊条头回收制，以防剩余焊条散失生产现场。应规定：剩余焊条数量和回收焊条头数量的总和，应与领用的数量相符。

② 焊剂的保管和使用。对焊剂贮存库房的条件和存放要求，与焊条的要求相似，不过应特别注意防止焊剂在保存中受潮，搬运时防止包装破损，对烧结焊剂更应注意存放中的

受潮及颗粒的破碎。

焊剂使用时注意事项如下：

a. 焊剂使用前必须进行烘干，烘干要求见表 5-10。

焊剂烘干温度与要求　　　　　　　　　　表 5-10

焊 剂 类 型	烘干温度/℃	烘干时间/h	烘干后在大气中允许放置时间/h
熔炼焊剂（玻璃状）	150～350	1～2	12
熔炼焊剂（薄石状）	200～350	1～2	12
烧结焊剂	200～350	1～2	5

b. 烘干时焊剂厚度要均匀且不得大于 30mm。

c. 回收焊剂须经筛选、分类，去除渣壳、灰尘等杂质，再经烘干与新焊剂按比例（一般回用焊剂不得超过 40%）混合使用，不得单独使用。

d. 回收焊剂中粉末含量不得大于 5%，回收使用次数不得多于三次。

③焊丝的保管和使用。对焊丝贮存库房的条件和存放要求，也与焊条相似。

焊丝的贮存，要求保持干燥、清洁和包装完整；焊丝盘、焊丝捆内焊丝不应紊乱、弯折和波浪形；焊丝末端应明显易找。

焊丝使用前必须除去表面的油、锈等污物，领取时进行登记，随用随领，焊接场地不得存放多余焊丝。

（3）常用焊接方法

1）焊条电弧焊。焊条电弧焊是最常用的熔焊方法之一。在焊条末端和工件之间燃烧的电弧所产生的高温使药皮、焊芯和焊件熔化，药皮熔化过程中产生的气体和熔渣，不仅使熔池与电弧周围的空气隔绝，而且与熔化了的焊芯、母材发生一系列冶金反应，使熔池金属冷却结晶后形成符合要求的焊缝。

①焊条电弧焊的优点：

a. 设备简单，维护方便，焊条电弧焊可用交流弧焊机或直流弧焊机进行焊接，这些设备都比较简单，购置设备的投资少，而且维护方便，这是其应用广泛的原因之一。

b. 操作灵活在空间任意位置的焊缝，凡焊条能够达到的地方都能进行焊接。

c. 应用范围广选用合适的焊条可以焊接低碳钢、低合金高强度钢、高合金钢及有色金属。不仅可焊接同种金属，而且可以焊接异种金属，还可在普通钢上堆焊具有耐磨、耐腐蚀、高硬度等特殊性能的材料，应用范围很广。

②焊条电弧焊的缺点：

a. 对焊工要求高焊条电弧焊的焊接质量，除靠选用合适的焊条、焊接参数及焊接设备外，主要靠焊工的操作技术和经验保证，在相同的工艺设备条件下，技术水平高、经验丰富的焊工能焊出优良的焊缝。

b. 劳动条件差焊条电弧焊主要靠焊工的手工操作控制焊接的全过程，焊工不仅要完成引弧、运条、收弧等动作，而且要随时观察熔池，根据熔池情况，不断地调整焊条角度、摆动方式和幅度，以及电弧长度等。整个焊接过程中，焊工手脑并用、精神高度集中，在有毒的烟尘及金属和金属氧氮化合物的蒸气、高温环境中工作，劳动条件是比较差的，要加强劳动保护。

c. 生产效率低焊材利用率不高，熔敷率低，难以实现机械化和自动化，故生产效率低。

2）二氧化碳气体保护焊。焊接时，在焊丝与焊件之间产生电弧；焊丝自动送进，被电弧熔化形成熔滴，并进入熔池；CO_2 气体经喷嘴喷出，包围电弧和熔池，起着隔离空气和保护焊接金属的作用。同时，CO_2 气体还参与冶金反应，在高温下的氧化性有助于减少焊缝中的氢。但是其高温下的氧化性也有不利之处，焊接时，需采用含有一定量脱氧剂的焊丝或采用带有脱氧剂成分的药芯焊丝，使脱氧剂在焊接过程中进行冶金脱氧反应，以消除 CO_2 气体氧化作用的不利影响。CO_2 气体保护焊接操作方式，可分为自动焊和半自动焊。

①CO_2 气体保护焊的优点。

a. CO_2 电弧焊电流密度大，热量集中，电弧穿透力强，熔深大而且焊丝的熔化率高，熔敷速度快，焊后焊渣少不需清理，因此，生产率可比手工焊提高 1~4 倍。

b. CO_2 气体和焊丝的价格比较便宜，对焊前生产准备要求低，焊后清渣和校正所需的工时也少，而且电能消耗少，因此，成本比焊条电弧焊和埋弧焊低，通常只有埋弧焊和焊条电弧焊的 40%~50%。

c. CO_2 焊可以用较小的电流实现短路过渡方式。这时电弧对焊件是间断加热，电弧稳定，热量集中，焊接热输入小，焊接变形小，特别适合于焊接薄板。

d. CO_2 焊是一种低氢型焊接方法，抗锈能力较强，焊缝的含氢量少，抗裂性能好，且不易产生氢气孔。CO_2 气体保护焊可实现全位置焊接，而且可焊工件的厚度范围较宽。

e. CO_2 焊是一种明弧焊接方法，焊接时便于监视和控制电弧和熔池，有利于实现焊接过程的机械化和自动化。

②CO_2 气体保护焊的缺点：焊接过程中金属飞溅较多，焊缝外形较为粗糙。不能焊接易氧化的金属材料，且必须采用含有脱氧剂的焊丝。抗风能力差，不适于野外作业。设备比较复杂，需要有专业队伍负责维修。

3）埋弧焊。焊剂由漏斗流出后，均匀地撒在装配好的焊件上，焊丝由送丝机构经送丝滚轮和导电嘴送入焊接电弧区。焊接电源的输出端分别接在导电嘴和焊件上。送丝机构、焊剂漏斗和控制盘通常装在一台小车上，使焊接电弧匀速地向前移动。通过操作控制盘上的开关，就可以自动控制焊接过程。

①埋弧焊的优点：

a. 生产效率高。埋弧焊可采用比焊条电弧焊较大的焊接电流。埋弧焊使用 $\phi4~4.5mm$ 的焊丝时，通常使用的焊接电流为 600~800A，甚至可达到 1000A。埋弧焊的焊接速度可达 50~80cm/min。对板厚在 8mm 以下的板材对接时可不用开坡口，厚度较大的板材所开坡口也比焊条电弧焊所开坡口小，节省了焊接材料，提高了焊接生产效率。

b. 焊缝质量好。埋弧焊时，焊接区受到焊剂和渣壳的可靠保护，与空气隔离，使熔池液体金属与熔化的焊剂有较多的时间进行冶金反应，减少了焊缝中产生气孔、夹渣、裂纹等缺陷。

c. 劳动条件好。由于实现了焊接过程机械化，操作比较方便，减轻了焊工的劳动强度，而且电弧是在焊剂层下燃烧，没有弧光的辐射，烟尘也较少，改善了焊工的劳动条件。

②埋弧焊的缺点：一般只能在水平或倾斜角度不大的位置上进行焊接。其他位置焊接需采用特殊措施以保证焊剂能覆盖焊接区。不能直接观察电弧与坡口的相对位置，如果没有采用焊缝自动跟踪装置，焊缝容易焊偏。由于埋弧焊的电场强度较大，电流小于100A时，电弧的稳定性不好，因此，薄板焊接较困难。

4）常用焊接方法的选择。焊接施工应根据钢结构的种类、焊缝质量要求、焊缝形式、位置和厚度等选定焊接方法、焊接电焊机和电流，焊接方法的选择见表5-11。

常用焊接方法选择

表5-11

焊接类别		使 用 特 点	适 用 场 合
焊条 电弧焊	交流焊机	设备简单，操作灵活方便，可进行各种位置的焊接。不减弱构件截面，保证质量，施工成本较低	焊接普通钢机构，为工地广泛应用的焊接方法
	直流焊机	焊接技术与使用交流焊机相同，焊接时电弧稳定，但施工成本比采用交流焊机高	用于焊接质量要求较高的钢结构
埋弧焊		是在焊剂下熔化金属的，焊接热量集中，熔深大，效率高，质量好，没有飞溅现象，热影响区小，焊缝成形均匀美观；操作技术要求低，劳动条件好	在工厂焊接长度较大，板较厚的直线状贴角焊缝和对接焊缝
半自动焊		与埋弧焊机焊接基本相同，操作较灵活，但使用不够方便	焊接较短的或弯曲形状的贴角和对接焊缝
CO_2 气体保护焊		是用 CO_2 或惰性气体代替焊药保护电弧的光面焊丝焊接；可全位置焊接，质量较好，熔速快，效率高，省电，焊后不用清楚焊渣，但焊时应避风	薄钢板和其他金属焊接，大厚度钢柱、钢梁的焊接

5）钢结构焊接质量检验。钢结构焊接工程质量必须符合设计文件和国家现行标准的要求。从事钢结构工程焊接施工的焊工，应根据所从事钢结构焊接工程的具体类型，按国家标准要求对施焊焊工进行考试并取得相应证书。

①钢结构焊接常用的检验方法。钢结构焊接常用的检验方法，有破坏性检验和非破坏性检验两种。应针对钢结构的性质和对焊缝质量的要求，选择合理的检验方法。对重要结构或要求焊缝金属强度与被焊金属等强度的对接焊接，必须采用精确的检验方法。焊缝的质量等级不同，其检验的方法和数量也不相同，见表5-12。对于不同类型的焊接接头和不同的材料，可以根据图纸要求或有关规定，选择一种或几种检验方法，以确保质量。

②焊缝外观检查。焊缝外观检查主要是查看焊缝成形是否良好，焊道与焊道过渡是否平滑，焊渣、飞溅物等是否清理干净。检查时，应先将焊缝上的污垢除净后，凭肉眼目视焊缝，必要时用 5~20 倍的放大镜，看焊缝是否存在咬边、弧坑、焊瘤、夹渣、裂纹、气孔、未焊透等缺陷。

焊缝质量级别	检查方法	检 查 数 量	备　　注
一级	外观检查	全　部	有疑点时用磁粉复验
	超声波检查	全　部	
	X 射线检查	抽查焊缝长度的 2%，至少应有一张底片	缺陷超出规范规定时，应加倍透照，如不合格，应 100% 的透照
二级	外观检查	全　部	
	超声波检查	抽查焊缝长度的 50%	有疑点时，用 X 射线透照复验，如发现有超标缺陷，应用超声波全部检查
三级	外观检查	全　部	

③焊缝内部缺陷检验。内部缺陷的检测一般可用超声波探伤和射线探伤，也称焊缝无损检测。射线探伤具有直观性、一致性好的优点，过去人们觉得射线探伤可靠、客观。但是射线探伤成本高、操作程序复杂、检测周期长，尤其是钢结构中大多为 T 形接头和角接头，射线检测的效果差，且射线探伤对裂纹、未熔合等危害性缺陷的检出率低。超声波探伤则正好相反，操作程序简单、快速，对各种接头形式的适应性好，对裂纹、未熔合的检测灵敏度高，因此，世界上很多国家对钢结构内部质量的控制采用超声波探伤，一般已不采用射线探伤。

④对不合格焊缝的处理。

a. 不合格焊缝。在焊接检验过程中，凡发现焊缝有下列情况之一者，视为不合格焊缝：

●错用了焊接材料，误用了与图样、标准规定不符的焊接材料制成的焊缝，在产品使用中可能会造成重大质量事故，致使产品报废。

●焊缝质量不符合标准要求是指焊缝的力学性能或物理化学性能未能满足标准要求或焊缝中存在缺陷超标。

●违反焊接工艺规程在焊接生产中，违反焊接工艺规程的施焊容易在焊缝中留下质量隐患，这样的焊缝应被视为不合格焊缝。

●无证焊工所焊焊缝均视为不合格焊缝。

b. 不合格焊缝的处理。

●报废性能无法满足要求或焊接缺陷过于严重，使得局部返修不经济或质量不能保证的焊缝，应作报废处理。

●返修局部焊缝存在缺陷超标时，可通过返修来修复不合格焊缝。但焊缝上同一部位多次返修时焊接热循环会对接头性能造成影响。对于压力容器，规定焊缝同一部位的返修一般不超过两次。

●回用有些焊缝虽然不满足标准要求，但不影响产品的使用性能和安全，且用户因此不会提出索赔，可作"回用"处理。"回用"处理的焊缝必须办理必要的审批手续。

●降低使用条件在返修可能造成产品报废或造成巨大经济损失的情况下，可以根据检验结果并经用户同意，降低产品的使用条件。一般很少采用此种处理方法。

2. 铆钉连接

铆钉连接需要先在构件上开孔,用加热的铆钉进行铆合,有时也可用常温的铆钉进行铆合,但需要较大的铆合力。铆钉连接由于费钢费工,现在很少采用。但是,铆钉连接传力可靠,韧性和塑性较好,质量易于检查,对经常受动力荷载作用、荷载较大和跨度较大的结构,有时仍然采用铆接结构。

(1)铆接方法。铆接可分为紧固铆接、紧密铆接和固密铆接三种方法。

1)紧固铆接也叫坚固铆接。这种铆接要求一定的强度来承受相应的载荷,但对接缝处的密封性要求较差。如房架、桥梁、起重机车辆等均属于这种铆接。

2)紧密铆接的金属结构不能承受较大的压力,只能承受较小而均匀的载荷,但对其叠合的接缝处却要求具有高度密封性,以防泄漏。如水箱、气罐、油罐等容器均属这一类。

3)固密铆接也叫强密铆接。这种铆接要求具有足够的强度来承受一定的载荷,其接缝处必须严密,即在一定的压力作用下,液体或气体均不得渗漏。如锅炉、压缩空气罐等高压容器的铆接。为了保证高压容器铆接缝的严密性,在铆接后,对于板件边缘连接缝和铆头周边与板件的连接缝要进行敛缝和敛钉。

(2)常用铆钉种类。金属零件铆接装配就是用铆钉连接金属零件的过程。铆钉是铆接结构的紧固件,常用的铆钉由铆钉头和圆柱形铆钉杆两部分组成。常用的有:半圆头、平锥头、沉头、半沉头、平头、扁平头和扁圆头等。此外,还有半空心铆钉、空心铆钉等。

(3)铆接施工及质量检验。

1)铆接施工。钢结构有冷铆和热铆两种施工方法。

①冷铆施工。冷铆是铆钉在常温状态下进行的铆接。在冷铆时,铆钉要有良好的塑性,因此,钢铆钉在冷铆前,首先要进行清除硬化、提高塑性的退火处理。手工冷铆时,首先将铆钉穿入被铆件的孔中,然后用顶把顶住铆钉头,压紧被铆件接头处,用手锤锤击伸出钉孔部分的铆钉杆端头,使其形成钉头,最后将窝头绕铆钉轴线倾斜转动,直至得到理想的铆钉头。用手工冷铆时,铆钉直径通常小于8mm。用铆钉枪冷铆时,铆钉直径一般不超过13mm。用铆接机冷铆时,铆钉最大直径不能超过25mm。

②热铆施工。将铆钉加热后的铆接,称为热铆,铆接时需要的外力与冷铆相比要小得多。铆钉加热后,铆钉材质的硬度降低,塑性提高,铆钉头成形容易。一般在铆钉材质塑性较差或直径较大、铆接力不足的情况下,通常采用热铆。

热铆施工的基本操作工艺过程:修整钉孔→铆钉加热→接钉与穿钉→顶钉→铆接。

2)铆接质量检验。铆钉质量检验采用外观检验和敲打两种方法,外观检查主要检验外观疵病,敲击法检验用0.3kg的小锤敲打铆钉的头部,用以检验铆钉的铆合情况。

铆钉头不得有丝毫跳动,铆钉的钉杆应填满钉孔,钉杆和钉孔的平均直径误差不得超过0.4mm,其同一截面的直径误差不得超过0.6mm。

对于有缺陷或铆成的铆钉和外形的偏差超过规定时,应予以更换,不得采用捻塞、焊补或加热再铆等方法进行修整。

3. 螺栓连接

螺栓连接可分为普通螺栓连接和高强度螺栓连接两种。螺栓连接具有易于安装、施工进度和质量容易保证、方便拆装维护的优点，其缺点是因开孔对构件截面有一定削弱，有时在构造上还须增设辅助连接件，故用料增加，构造较繁；螺栓连接需制孔，拼装和安装时需对孔，工作量增加，且对制造的精度要求较高，但螺栓连接仍是钢结构连接的重要方式之一。

（1）普通螺栓连接。钢结构普通螺栓连接就是将螺栓、螺母、垫圈机械地和连接件连接在一起形成的一种连接形式。从连接工作机理看，荷载是通过螺栓杆受剪、连接板孔壁承压来传递的，接头受力后会产生较大的滑移变形，因此，一般受力较大结构或承受动力荷载的结构，应采用精制螺栓，以减少接头变形量。由于精制螺栓加工费用较高、施工难度大，工程上极少采用，已逐渐为高强度螺栓所取代。

1）普通螺栓连接材料。钢结构普通螺栓连接是由螺栓、螺母和垫圈三部分组成的。

①普通螺栓。按照普通螺栓的形式，可将其分为六角头螺栓、双头螺栓和地脚螺栓等。

a. 六角头螺栓。按照制造质量和产品等级，六角头螺栓可分为 A，B，C 三个等级，其中，A、B 级为精制螺栓，C 级为粗制螺栓。A、B 级螺栓加工尺寸精确，受剪性能好，变形很小，但制造和安装复杂，价格昂贵，目前在钢结构中应用较少。C 级为六角头螺栓，在钢结构螺栓连接中，除特别注明外，一般均为 C 级粗制螺栓。

b. 双头螺栓。双头螺栓一般称为螺栓，多用于连接厚板和不便使用六角螺栓连接的地方，如混凝土屋架、屋面梁悬挂单轨梁吊挂件等。

c. 地脚螺栓。地脚螺栓分一般地脚螺栓、直角地脚螺栓、锤头螺栓、锚固地脚螺栓四种。一般地脚螺栓和直角地脚螺栓是在浇筑混凝土基础时预埋在基础之中用以固定钢柱的。锤头螺栓是基础螺栓的一种特殊型式，是在混凝土基础浇筑时将特制模箱（锚固板）预埋在基础内，用以固定钢柱的；锚固地脚螺栓是用于钢构件与混凝土构件之间的连接件，如钢柱柱脚与混凝土基础之间的连接、钢梁与混凝土墙体的连接等。

②螺母。建筑钢结构中选用螺母应与相匹配的螺栓性能等级一致，当拧紧螺母达规定程度时，不允许发生螺纹脱扣现象。为此，可选用栓接结构用六角螺母及相应的栓接结构大六角头螺栓、平垫圈，使连接副能防止因超拧而引起的螺纹脱扣。

③垫圈。常用钢结构螺栓连接的垫圈，按其形状及使用功能可分为以下几类：

a. 圆平垫圈。圆平垫圈一般放置于紧固螺栓头及螺母的支承面下面，用以增加螺栓头及螺母的支承面，同时防止被连接件表面损伤。

b. 方型垫圈。方型垫圈一般置于地脚螺栓头及螺母支承面下，用以增加支承面及遮盖较大螺栓孔眼。

c. 斜垫圈。主要用于工字钢、槽钢翼缘倾斜面的垫平，使螺母支承面垂直于螺杆，避免紧固时造成螺母支承面和被连接的倾斜面局部接触，以确保连接安全。

d. 弹簧垫圈。为防止螺栓拧紧后在动载作用产生振动和松动，依靠垫圈的弹性功能及斜口摩擦面来防止螺栓松动，一般用于有动荷载（振动）或经常拆卸的结构连接处。

2）普通螺栓的装配。普通螺栓的装配应符合下列各项要求：

①螺栓头和螺母下面应放置平垫圈，以增大承压面积。

②每个螺栓一端不得垫两个及以上的垫圈，并不得采用大螺母代替垫圈。螺栓拧紧后，外露丝扣不应少于 2 扣。螺母间下的垫圈一般不应多于 1 个。

③对于设计有要求防松动的爆栓、锚固螺栓应采用有防松装置的螺母（即双螺母）或弹簧垫圈，或用人工方法采取防松措施（如将螺栓外露丝扣打毛）。

④对于承受动荷载或重要部位的螺栓连接，应按设计要求放置弹簧垫圈，弹簧垫圈必须设置在螺母一侧。

⑤对于工字钢、槽钢类型钢应尽量使用斜垫圈，使螺母和螺栓头部的支承面垂直于螺杆。

⑥双头螺栓的轴心线必须与工件垂直，通常用角尺进行检验。

⑦装配双头螺栓时，首先将螺纹和螺孔的接触面清理干净，然后用手轻轻地把螺母拧到螺纹的终止处，如果遇到拧不进的情况，不能用扳手强行拧紧，以免损坏螺纹。

⑧螺母与螺钉装配时，应满足螺母或螺钉和接触的表面之间应保持清洁，螺孔内的脏物要清干净。螺母或螺钉与零件贴合的表面要光洁、平整、贴合处的表面应当经过加工，否则，容易使连接件松动或使螺钉弯曲。

3）螺栓紧固。为了使螺栓受力均匀，应尽量减少连接件变形对紧固轴力的影响，保证节点连接螺栓的质量。螺栓紧固必须从中心开始，对称施拧。对拧紧成组的螺母时，必须按照一定的顺序进行，并做到分次序逐步拧紧（一般分3次拧紧），否则，会使零件或螺杆产生松紧不一致，甚至变形。在拧紧长方形布置的成组螺母时，必须从中间开始，逐渐向两边对称地扩展。在拧紧方形或圆形布置的成组螺母时，必须对称地进行。

4）紧固质量检验。对永久螺栓拧紧的质量检验常采用锤敲或力矩扳手检验，要求螺栓不颤头和偏移，拧紧的真实性用塞尺检查，对接表面高度差（不平度）不应超过0.5mm。

对接配件在平面上的差值超过0.5～3mm时，应对较高的配件高出部分做成1∶10的斜坡，斜坡不得用火焰切割。当高度超过3mm时，必须设置和该结构相同钢号的钢板做成的垫板，并用连接配件相同的加工方法对垫板的两侧进行加工。

5）螺纹连接的防松措施。一般螺纹连接均具有自锁性，在受静载和工作温度变化不大时，不会自行松脱。但在冲击、振动或变荷载作用下，以及在工作温度变化较大时，这种连接有可能松动，以致影响工作，甚至发生事故。为了保证连接安全可靠，对螺纹连接必须采取有效的防松措施。常用的防松措施有增大摩擦力、机械防松和不可拆三大类：

①增大摩擦力。其措施是使拧紧的螺纹之间不因外载荷变化而失去压力，因而始终有摩擦阻力防止连接松脱。增大摩擦力的防松措施有安装弹簧垫圈和使用双螺母等。

②机械防松。此类防松措施是利用各种止动零件，阻止螺纹零件的相对转动来实现的。机械防松较为可靠，故应用较多。常用的机械防松措施有开口销与槽形螺母、止退垫圈与圆螺母、止动垫圈与螺母、串联钢丝等。

③不可拆。利用点焊、点铆等方法把螺母固定在螺栓或被连接件上，或者将螺钉固定在被连接件上，以达到防松的目的。

（2）高强度螺栓连接。高强度螺栓是钢结构工程中发展起来的一种新型连接形式，已发展成为当今钢结构连接的主要手段之一，在高层建筑钢结构中已成为主要的连接件。高强度螺栓是用优质碳素钢或低合金钢材料制成的一种特殊螺栓，由于螺栓的强度高，故称高强度螺栓。高强度螺栓连接具有安装简便、迅速、能装能拆和承压高、受力性能好、安全可靠等优点。

1）高强度螺栓分类。高强度螺栓采用经过热处理的高强度钢材做成,施工时需要对螺栓杆施加较大的预拉力。按性能等级不同,高强度螺栓可分为8.8级和10.9级(也记作8.8S,10.9S)。按其受力特征不同,可分为摩擦型高强度螺栓和承压型高强度螺栓两类。

①摩擦型高强度螺栓,是靠连接板叠间的摩擦阻力传递剪力,以摩擦阻力克服作为连接承载力的极限状态。具有连接紧密,受力良好,耐疲劳,适宜承受动力荷载,但连接面需要作摩擦面处理,如喷砂、喷砂后涂无机富锌漆等。

②承压型高强度螺栓,是当剪力大于摩擦阻力后,以栓杆被剪断或连接板被挤坏作为承载力极限状态,其计算方法基本上与普通螺栓相同,其承载力极限值大于摩擦型高强度螺栓。

根据螺栓构造及施工方法不同,可分为大六角头高强度螺栓和扭剪型高强度螺栓。

2）高强度螺栓连接施工。

①高强度螺栓连接操作工艺流程:作业准备→接头组装→安装临时螺栓→安装高强螺栓→高强螺栓紧固→检查验收。

②施工作业。高强度螺栓从作业准备→接头组装→安装临时螺栓→安装高强螺栓的施工要点见表5-13。

高强度螺栓施工作业要点   表5-13

步骤	大六角头螺栓连接	扭剪型高强螺栓连接
作业准备	①备好扳手、临时螺栓、过冲、钢丝刷等工具,主要在班前指定专人负责对施工扭矩校正,扭矩校正后才准使用。 ②大六角头高强度螺栓长度选择,考虑到钢构件加工时采用钢材一般均为正公差,有时材料代用又多是以大代小,以厚代薄,所以连接总厚度增加3~4mm的现象很多,因此,应选择好高强度螺栓长度,一般以紧固后长出2~3扣为宜,然后根据要求配好套备用	①摩擦面处理:摩擦面采用喷砂、砂轮打磨等方法进行处理摩擦系数应符合设计要求(一般要求Q235钢为0.45以上,16锰钢为0.55以上)。摩擦面不允许有残留氧化铁皮,处理后的摩擦面可生成赤锈面后安装螺栓(一般露天存10d左右),用喷砂处理的摩擦面不必生锈即可安装螺栓。采用砂轮打磨时,打磨范围不小于螺栓直径的4倍,打磨方向与受力方向垂直,打磨后的摩擦面应无明显不平。摩擦面防止被油或油漆等污染,如污染应彻底清理干净。 ②检查螺栓孔的孔径尺寸,孔边有毛刺必须清除掉。 ③同一批号、规格的螺栓、螺母、垫圈,应配套装箱待用。 ④电动扳手及手动扳手应经过标定
接头组装	①对摩擦面进行清理,对板不平直的,应在平直达到要求以后才能组装。摩擦面不能有油漆、污泥,孔的周围不应有毛刺,应对待装摩擦面用钢丝刷清理,其刷子方向应与摩擦受力方向垂直。 ②遇到安装孔有问题时,不得用氧—乙炔扩孔,应用扩孔钻床扩孔,扩孔后应重新清理孔周围毛刺。 ③高强度螺栓连接面板间应紧密贴实,对因板厚公差、制造偏差或安装偏差等产生的接触面间隙,应按以下规定处理	①连接处的钢板或型钢应平整,板边、孔边无毛刺;接头处有翘曲、变形必须进行校正,并防止损伤摩擦面,保证摩擦面紧贴。 ②装配前检查摩擦面,试件的摩擦系数是否达到设计要求,浮锈用钢丝刷除掉,油污、油漆清除干净。 ③板叠接触面间应平整,当接触有间隙时,应按以下规定处理
	当 $t < 1.0$mm 时不予处理;$t = 1.0 \sim 3.0$mm 时,将厚板一侧磨成1:10的缓坡,使间隙小于1.0mm;当 $t > 3.0$mm 时加垫板,垫板厚度不小于3mm,最多不超过三层,垫板材质和摩擦处理方法应与构件相同		

步骤	大六角头螺栓连接	扭剪型高强螺栓连接
安装临时螺栓	①钢构件组装时应先安装临时螺栓，临时安装螺栓不能用高强度螺栓代替，临时安装螺栓的数量一般应占连接板组孔群中的1/3，不能少于2个。 ②少量孔位不正，位移量又较少时，可以用冲钉打入定位，然后再上安装螺栓。 ③板上孔位不正，位移较大时应用纹刀扩孔。个别孔位位移较大时，应补焊后重新打孔。不得用于边校正孔位边穿入高强度螺栓。安装螺栓达到30%时，可以将安装螺栓拧紧定位	连接处采用临时螺栓固定，其螺栓个数为接头螺栓总数的1/3以上；且每个接头不少于2个，冲钉穿入数量不宜多于临时螺栓的30%。组装时先用冲钉对准孔位，在适当位置插入临时螺栓，用扳手拧紧。不准用高强螺栓兼作临时螺栓，以防螺纹损伤
安装高强度螺栓	①高强度螺栓应自由穿入孔内，严禁用锤子将高强度螺栓强行打入孔内。高强度螺栓的穿入方向应该一致，局部受结构阻碍时可以除外。 ②不得在下雨天安装高强度螺栓。 ③高强度螺栓垫圈位置应该一致，安装时应注意垫圈正、反面方向（大六角头高强螺栓的垫圈应安装在螺栓头一侧和螺母一侧，垫圈孔有倒角一侧应和螺栓头接触，不得装反）。 ④高强度螺栓在栓孔内不得受剪，应及时拧紧	①安装时高强螺栓应自由穿入孔内，不得强行敲打。扭剪型高强螺栓的垫圈安在螺母一侧，垫圈孔有倒角的一侧应和螺母接触，不得装反。 ②螺栓不能自由穿入时，不得用气割扩孔，要用纹刀纹孔，修孔时需使板层紧贴，以防铁屑进入板缝，纹孔后要用砂轮机清除孔边毛刺，并清除铁屑。 ③螺栓穿入方向宜一致，穿入高强螺栓用扳手紧固后，再卸下临时螺栓，以高强螺栓替换。不得在雨天安装高强螺栓，且摩擦面应处于干燥状态

3）螺栓防松。

①垫放弹簧垫圈的可在螺母下面垫一开口弹簧垫圈，螺母紧固后在上下轴向产生弹性压力，可起到防松作用。为防止开口垫圈损伤构件表面，可在开口垫圈下面垫一平垫圈。

②在紧固后的螺母上面，增加一个较薄的副螺母，使两螺母之间产生轴向压力，同时也能增加螺栓、螺母凸凹螺纹的咬合自锁长度，达到相互制约而不使螺母松动。使用副螺母防松的螺栓，在安装前应计算螺栓的准确长度，待防松副螺母紧固后，应使螺栓伸出副螺母的长度不少于2个螺距。

③对永久性螺栓可将螺母紧固后，用电焊将螺母与螺栓的相邻位置，对称点焊3~4处或将螺母与构件相点焊。

除上述常用连接方式外，钢网架螺栓球连接也是高强度螺栓连接的一种重要形式。在薄壁钢结构中还经常采用射钉、自攻螺钉和焊钉（栓钉）连接方式。紧固件连接在钢结构安装连接中得到广泛应用。

5.3 钢结构的涂装

众所周知，钢结构最大的缺点是易于锈蚀和钢结构耐火能力差。钢铁的腐蚀是自发的、不可避免的过程，但可以控制；在发生火灾时钢结构在高温作用下很快失效倒塌，耐火极限仅15min。因此，钢结构工程必须进行防护设计。钢结构的防腐蚀是结构设计、施工、使用中必须解决的重要问题，它涉及钢结构的耐久性、造价、维护费用、使用性能等诸多方面。钢结构涂装就是利用涂料的涂层将被涂物与周围的环境相隔离，从而达到防腐的目的。因此，涂料涂层的质量是影响涂装防护效果的关键因素，而涂层质量除了与涂料质量有关外，还与涂装之前钢构件表面的除锈质量、漆膜厚度、涂装的施工工艺条件和其他因素有关。

5.3.1 防腐涂装

1. 钢结构除锈

引起钢材锈蚀的主要因素是水分和氧气的存在。在自然界中，雨、雪、雾、露水等都有水分，大气、土、水中都有氧气存在。此外，有海盐成分、二氧化硫气体、灰尘、发霉等的大气污染物质也是钢材腐蚀的强有力的促进因素。

（1）钢结构防腐蚀方法。常用的钢结构防腐蚀方法有以下四种：

1）钢材本身抗腐蚀，即采用具有抗腐蚀能力的耐候钢。

2）长效防腐蚀方法，即用热度锌、热喷铝（锌）复合涂层进行钢结构表面处理，使钢结构的防腐蚀年限达到20～30年，甚至更长。

3）涂层法，即在钢结构表面涂（喷）油漆或其他防腐蚀材料，其耐久年限一般为5～10年。

4）对地下或地下钢结构采用阴极保护。

在以上四种方法中，以将钢材表面与环境隔断的方法应用最广。

（2）钢结构除锈方法。涂装前钢构件表面的除锈质量是确保漆膜防腐蚀效果和保护寿命的关键。因此，钢构件表面处理的质量控制是防腐涂层的重要环节。涂装前的钢材表面处理，亦称除锈。

钢材表面除锈前，应清除厚的锈层、油脂和污垢；除锈后应清除钢材表面上的浮灰和碎屑。除锈方法有：

1）手工和动力工具除锈。可以采用铲刀、手锤或动力钢丝刷、动力砂纸盘或砂轮等工具除锈。

2）喷射或抛射除锈。用喷砂机将砂(石英砂、铁砂或铁丸)喷击在金属表面除去铁锈并将表面清除干净;喷砂过程中的机械粉尘应有自动处理装置,防止粉末飞扬,确保环境卫生。

3）火焰除锈。火焰除锈应包括在火焰加热作业后，以动力钢丝刷清除加热后附着在钢材表面的附着物。

4）酸洗除锈。将构件放入酸洗槽内除去构件上的油污和铁锈，并应将酸液清洗干净。酸洗后应进行磷化处理，使其金属表面产生一层具有不溶性的磷酸铁和磷酸锰保护膜，增加涂膜的附着力。

选择除锈方法时，除要根据各种方法的特点和防护效果外，还要根据涂装的对象、目的、钢材表面的原始状态、要求的除锈等级、现有的施工设备和条件以及施工费用等，进行综合比较确定。

2. 钢结构涂装施工

（1）涂料的选用。钢结构涂装涂料是一种含油或不含油的胶体溶液，将其涂敷在钢结构构件表面，可结成涂膜，以防钢结构构件被锈蚀。涂料品种繁多，对品种的选择是决定钢结构涂装工程质量好坏的因素之一。

涂料的选用应按设计要求并考虑以下因素：

1）根据钢结构所处环境，选用合适的涂料。根据室内外的温度、湿度、酸雨介质的浓度选用涂料。

2）注意涂料的匹配，使底层涂料与面层涂料之间有良好的粘结力。

3）根据钢结构构件的重要性和设计要求，调整涂覆层数。

4）根据施涂工艺、结构特点和施涂方法，选用涂料。

5）除考虑结构使用功能、耐久性外，尚应考虑施涂过程中涂料的稳定性和无毒性。

6）选用涂料应考虑饰面涂料的耐热性。

7）注意底层涂料及面层涂料的色泽配套，在保证覆盖力和不产生咬色或色差的条件下，外露场所的饰面涂料还应考虑美观要求。

各类防腐涂料的优缺点见表5-14。

各类防腐涂料的优缺点 表5-14

涂料种类	优　点	缺　点
油脂漆	耐候性较好，可用于室内外作底漆和面漆，涂刷性好，价廉	干燥较慢，机械性能较差，水膨胀性大，不耐碱，不能打磨
天然树脂漆	干燥比油脂漆快，短油度漆膜坚硬，长油度漆膜柔软，耐候性较好	机械性能差，短油度漆膜耐候性差，长油度漆膜不能打磨
酚醛漆	干燥较快，漆膜坚硬，耐水，纯酚醛漆耐化学腐蚀，并有一定的绝缘性	漆膜较脆，颜色易变深，耐候性较差，易粉化
沥青漆	耐潮、耐水性好，耐化学腐蚀，价廉	耐候性差，不能制造色漆，易渗色，不耐溶剂
醇酸漆	光泽较亮，保光、保色性好，附着力较好，施工性能好，可刷、喷、滚、烘	漆膜较软，耐水、耐碱性差，不能打磨
氨基漆	漆膜坚硬，光泽亮，耐热性、耐候性好，耐水性较好，附着力较好	需加热固化，烘烤过度漆膜发脆
硝基漆	干燥迅速，耐油，漆膜坚韧耐磨，可打磨抛光	易燃，清漆不耐紫外线，不能在60℃以上温度使用
纤维素漆	耐候性、保色性好，可打磨抛光，个别品种耐热、耐碱、绝缘性较好	附着力较差，耐潮性差
过氯乙烯漆	耐候性好，耐化学性优良，耐水、耐油、防延燃性好，三防性（防湿热、防霉、防盐雾）性能好	附着力较差，不能在70℃以上温度使用，固体份低

144

涂料种类	优 点	缺 点
乙烯基漆	柔韧性好，色泽浅淡，耐化学性较好，耐水性好	耐溶剂性差，固体份低，高温时碳化，清漆不耐晒
丙烯酸漆	漆膜色浅，保色性好，耐候性优良，有一定的耐化学腐蚀性，耐热性较好	耐溶剂性差，固体份低
聚酯漆	耐磨，有较好的绝缘性，耐热性较好	干性不易掌握，施工方法较复杂，对金属附着力差
聚氨酯漆	耐磨、耐潮、耐水、耐热、耐溶剂性好，耐化学腐蚀，有良好的绝缘性，附着力好	漆膜易粉化、泛黄，遇潮起泡。施工条件较高，有一定毒性
环氧漆（胺固化）	漆膜坚硬，附着力好，耐化学腐蚀，绝缘性好	耐候性差，易粉化，保光性差，韧性差
环氧酯漆	耐候性较好，附着力好，韧性较好	耐化学腐蚀性差，不耐溶剂
氯化橡胶漆	漆膜坚韧，耐磨、耐水、耐潮，绝缘性好，有一定的耐化学腐蚀性	耐溶剂性差，耐热性差，耐紫外光性差，易变色
高氯化聚乙烯漆	耐臭氧，耐化学腐蚀，耐油，耐候性好，耐水	耐溶剂性差
氯磺化聚乙烯漆	耐臭氧性能和耐候性较好，韧性好，耐磨性好，耐化学腐蚀，吸水性低，耐油	耐溶剂性较差，漆膜光泽较差
有机硅漆	耐高温，耐候性好，耐潮，耐水，绝缘性好	漆膜坚硬较脆，耐汽油性差，附着力较差，一般需烘烤固化
无机富锌底漆	涂膜坚牢，耐水、耐湿、耐油，防锈性能好	要求钢材表面除锈等级较高，漆膜韧性差，不能在寒、湿条件下施工

（2）钢结构涂装方法。合理的施工方法，对保证涂装质量、施工进度、节约材料和降低成本有很大的作用。施涂方法主要根据涂料的性质和结构形状、施工现场环境和现有的施工工具（或设备）等因素考虑确定，常用涂料的施工方法见表5-15，一般采用刷涂法和喷涂法。

5.3.2 防火涂装

目前，钢结构常用的防火措施主要有防火涂料和构造防火两种，本节主要介绍防火涂料。防火涂料是用于钢材表面，来提高钢材耐火极限的一种涂料。防火涂料涂覆在钢材表面，除具有阻燃、隔热作用外，还具有防锈、防水、防腐、耐磨等性能。

1. 防火涂料的分类

钢结构防火涂料有很多种，根据漆膜厚度不同，可分为超薄型、薄涂型和厚涂型防火涂料。目前，超薄型的用量最大，约占钢结构防火涂料的70%，其次是厚涂型涂料，约占20%。

薄涂型、超薄型膨胀涂料主要以有机材料为主，厚涂型非膨胀涂料以无机材料为主。

常用涂料的施工方法　　　　　表 5-15

施工方法	适用涂料的特性			被涂物	使用工具或设备	主要优缺点
	干燥速度	黏度	品种			
刷涂法	干性较慢	塑性小	油性漆酚醛漆醇酸漆等	一般构件及建筑物，各种设备管道等	各种毛刷	投资小，施工方法简单，适用于各种形状及大小面积的涂装；缺点是装饰性较差，施工效率低
手工滚涂法	干性较慢	塑性小	油性漆酚醛漆醇酸漆等	一般大型平面构件及管道等	滚子	投资小，施工方法简单，适用大面积物的涂装；缺点同涂刷法
浸涂法	干性适当，流平性好，干燥速度适中	触变性好	各种合成树脂涂料	小型零件、设备和机械部件	浸漆槽、离心及真空设备	设备投资较小，施工方法简单，涂料损失少，适用于构造复杂构件；缺点有流挂现象，污染现场，溶剂易挥发
空气喷涂法	挥发快，干性适中	黏度小	各种硝基漆、橡胶漆、建筑乙烯漆、聚氨酯等	各种大型构件及设备和管道	喷枪、空气压缩机、油水分离器等	设备投资较小，施工方法较复杂，施工效率较涂刷法高；缺点是消耗溶剂量大，污染现场，易引起火灾
无气喷涂法	具有高沸点溶剂的涂料	高不挥发分，有触变性	厚浆型涂料和高不挥发分涂料	各种大型钢结构、桥梁、管道、车辆和船舶等	高压无气喷枪、空气压缩机等	设备投资较大，施工方法较复杂，效率比空气喷涂法高，能获得厚涂层；缺点是损失部分涂料，装饰性较差

薄涂型、超薄型膨胀涂料分为底层（主涂层）和面层（装饰层）涂料，其基本组成是：粘结剂（有机树脂中有机与无机复合物），膨胀阻燃剂，绝热增强材料，颜料和化学助剂，溶剂和稀释剂。

薄涂型钢结构涂料层厚度一般为 1～10mm，有一定装饰效果，高温时涂层膨胀增厚，具有耐火隔热作用，耐火极限可达 0.5～2.0h。因此，某些结构需要暴露、荷载量要求苛刻的钢结构建筑常采用薄涂型、超薄型防火涂料。但薄涂型、超薄型防火涂料的耐火极限不长，对于耐火极限要求超过 2.0h 的钢构件，其使用受到限制。此外，由于有机材料的老化而导致涂料防火性能的降低也是一个不容忽视的问题。

各类防火涂料的特性及适应范围见表 5-16。选用厚涂型防火涂料时，外表面需要做装饰面隔护。装饰要求较高的部位可以选用超薄型防火涂料。

各类防火涂料的特性及适应范围　　　　　表 5-16

防火涂料类别	特　　性	厚度（mm）	耐火极限（h）	适用范围
超薄型防火涂料	附着力强、干燥快、可以配色、有装饰效果、一般不需外保护层	2～7	0.5～11.5	工业与民用建筑梁、柱等
薄涂型防火涂料（B类）	附着力强、可以配色，一般不需要外保护层，有一定的装饰效果	3～5	2.0～2.5	工业与民用建筑楼盖与屋盖钢结构

防火涂料类别	特 性	厚度（mm）	耐火极限（h）	适用范围
厚涂型防火涂料（H类）	喷涂施工，密度小，热导率低、物理强度和附着力低，需要装饰层隔护	8～50	1.5～3.0	有装饰面层的建筑钢结构柱、梁
露天防火涂料	喷漆施工，有良好的耐候性	薄涂 3～10 厚涂 25～40	0.1～3.0	露天环境中的桁架、框架等钢结构

2. 钢结构防火涂料的选用

选用钢结构防火涂料，应遵循下列原则：

（1）钢结构防火涂料必须有国家检测机构的耐火性能检测报告和理化性能检测报告，有消防监督机关颁发的生产许可证，方可选用。选用的防火涂料质量应符合国家有关标准规定。有生产厂方的合格证，并应附有涂料品名、技术性能、制造批号、贮存期限和使用说明等。

（2）室内裸露钢结构、轻型屋盖钢结构及有装饰要求的钢结构，当规定耐火极限在1.5h 及以下时，宜选用薄涂型钢结构防火涂料。

（3）室内隐蔽钢结构，高层全钢结构及多层厂房钢结构，当规定其耐火极限在2h 及以上时，应选用厚涂型钢结构防火涂料。

（4）露天钢结构，如石油化工企业，油（汽）罐支撑，石油钻井平台等钢结构，应选用符合室外钢结构防火涂料产品规定的厚涂型或薄涂型钢结构防火涂料。

（5）对不同厂家的同类产品进行比较选择时，宜查看近两年内产品的耐火性能和理化性能检测报告。产品定期鉴定意见，产品在工程中应用情况和典型实例。并了解厂方技术力量、生产能力及质量保证条件等。

3. 薄涂型钢结构防火涂料施工

（1）一般规定。

1）薄涂型钢结构防火涂料的底涂层（或主涂层）宜采用重力式喷枪喷涂，其压力约为0.4MPa。局部修补和小面积施工，可用手工抹涂。面层装饰涂料可刷涂、喷涂或滚涂。

2）双组分装的涂料，应按说明书规定在现场调配；单组分装的涂料也应充分搅拌。喷涂后，不应发生流淌和下坠。

3）底涂层施工应满足下列要求：

①当钢基材表面除锈和防锈处理符合要求，尘土等杂物清除干净后方可施工。

②底层一般喷2～3遍，每遍喷涂厚度不应超过2.5mm，必须在前一遍干燥后，再喷涂后一遍；喷涂时应确保涂层完全闭合，轮廓清晰；操作者要携带测厚针检测涂层厚度，并确保喷涂达到设计规定的厚度。当设计要求涂层表面要平整光滑时，应对最后一遍涂层作抹平处理，确保外表面均匀平整。

③面涂层施工应满足：当底层厚度符合设计规定，并基本干燥后方可施工面层；面层一般涂饰1～2次，并应全部覆盖底层。涂料用量为0.5～1kg/mL；面层应颜色均匀，接

搓平整。

（2）施工工具与方法。

1）喷涂底层（包括主涂层，下同）涂料，宜采用重力（或喷斗）式喷枪，配能够自动调压的 $0.6 \sim 0.9 m^3/min$ 的空压机。喷嘴直径为 $4 \sim 6mm$，空气压力为 $0.4 \sim 0.6MPa$。

2）面层装饰涂料，可以刷涂、喷涂或滚涂，一般采用喷涂施工。喷底层涂料的喷枪，将喷嘴直径换为 $1 \sim 2mm$，空气压力调为 $0.4MPa$ 左右，即可用于喷面层装饰涂料。

3）局部修补或小面积施工，或者机器设备已安装好的厂房，不具备喷涂条件时，可用抹灰刀等工具进行手工抹涂。

（3）涂料的搅拌与调配。

1）运送到施工现场的钢结构防火涂料，应采用便携式电动搅拌器予以适当搅拌，使其均匀一致，方可用于喷涂。搅拌和调配好的涂料，应稠度适宜，喷涂后不发生流淌和下坠现象。

2）双组分包装的涂料，应按说明书规定的配比进行现场调配，边配边用。

（4）底层施工操作与质量。

1）底涂层一般应喷 $2 \sim 3$ 遍，每遍 $4 \sim 24h$，待前遍基本干燥后再喷后一遍。头遍喷涂以盖住基底面 70% 即可，二、三遍喷涂每遍厚度不超过 $2.5mm$ 为宜。每喷 $1mm$ 厚的涂层，约耗湿涂料的 $1.2 \sim 1.5kg/m^2$。

2）喷涂时手握喷枪要稳，喷嘴与钢基材面垂直或成 $70°$ 角，喷口到喷面距离为 $40 \sim 60cm$。要求回旋转喷涂，注意搭接处颜色一致，厚薄均匀，要防止漏喷、流淌。确保涂层完全闭合，轮廓清晰。

3）喷涂过程中，操作人员要携带测厚针随时检测涂层厚度，确保各部位涂层达到设计规定的厚度要求。

4）喷涂形成的涂层是粒状表面，当设计要求涂层表面平整光滑时，待喷完最后一遍应采用抹灰刀或其他适用的工具作抹平处理，使外表面均匀平整。

（5）面层施工操作与质量。当底层厚度符合设计规定，并基本干燥后，方可施工面层喷涂料。面层涂料一般涂饰 $1 \sim 2$ 遍，如头遍是从左至右喷，二遍则应从右至左喷，以确保全部覆盖住底涂层。面涂用料为 $0.5 \sim 1.0kg/m^2$。对于露天钢结构的防火保护，喷好防火的底涂层后，也可选用适合建筑外墙用的面层涂料作为防水装饰层，用量为 $1.0kg/m^2$ 即可。面层施工应确保各部分颜色均匀一致，接茬平整。

4. 厚涂型防火涂料施工

（1）一般规定。

1）厚涂型钢结构防火涂料宜采用压送式喷涂机喷涂，空气压力为 $0.4 \sim 0.6MPa$，喷枪口直径宜为 $6 \sim 10mm$。

2）配料时应严格按配合比加料或加稀释剂，并使稠度适宜，边配边用。

3）喷涂施工应分遍完成，每遍喷涂厚度宜为 $5 \sim 10mm$，必须在前一遍基本干燥或固化后，再喷涂后一遍。喷涂保护方式、喷涂遍数与涂层厚度应根据施工设计要求确定。

4）喷涂后的涂层，应剔除乳突，确保均匀平整。

5）当防火涂层出现下列情况之一时，应重喷：

①涂层干燥固化不好，粘结不牢或粉化、空鼓、脱落时；

②钢结构的接头、转角处的涂层有明显凹陷时；

③涂层表面有浮浆或裂缝宽度大于 1.0mm 时；

④涂层厚度小于设计规定厚度的 85% 时，或涂层厚度虽大于设计规定厚度的 85%，但厚度不足部位的涂层之连续面积的长度超过 1m 时。

（2）施工方法与机具。一般是采用喷涂施工，机具可为压送式喷涂机或挤压泵，配能自动调压的 $0.6 \sim 0.9 m^3/min$ 空压机，喷枪口径为 $6 \sim 12mm$，空气压力为 $0.4 \sim 0.6MPa$。局部修补可采用抹灰刀等工具手工抹涂。

（3）涂料的搅拌与配置。

1）由工厂制造好的单组分湿涂料，现场应采用便携式搅拌器搅拌均匀。由工厂提供的干粉料，现场加水或其他稀释剂调配，应按涂料说明书规定配比混合搅拌，边配边用。

2）由工厂提供的双组分涂料，按配制涂料说明书规定的配比混合搅拌，边配边用。特别是化学固化干燥的涂料，配制的涂料必须在规定的时间内用完。

3）搅拌和调配涂料，使稠度适宜，能在输送管道中畅通流动，喷涂后不会流淌和下坠。

（4）施工操作要点。

1）喷涂应分若干次完成，第一次喷涂以基本盖住钢基材面即可，以后每次喷涂厚度为 $5 \sim 10mm$，一般为 7mm 左右为宜。必须在前一次喷层基本干燥或固化后再接着喷，通常情况下，每天喷一遍即可。

2）喷涂保护方式，喷涂次数与涂层厚度应根据防火设计要求确定。耐火极限 $1 \sim 3h$，涂层厚度 $10 \sim 40mm$，一般需喷 $2 \sim 5$ 次。

3）喷涂时，持枪手紧握喷枪，注意移动速度，不能在同一位置久留，造成涂料堆积流淌；输送涂料的管道长而笨重，应配一助手帮助移动和托起管道；配料及往挤压泵加料均要连续进行，不得停顿。

4）施工过程中，操作者应采用测厚针检测涂层厚度，直到符合设计规定的厚度，方可停止喷涂。喷涂后的涂层要适当维修，对明显的乳突，应要用抹灰刀等工具剔除，以确保涂层表面均匀。

（5）钢结构防火施工验收。钢结构防火涂料的施工验收大致可分为两步：①防火涂料刷涂前的构件表面处理是否干净、符合要求，这影响防火涂料的内在质量；②刷涂后的外观检查和厚度检查。

1）钢结构防火施工验收时，施工单位应具备下列文件：

①国家质量监督检测机构对所用产品的耐火极限和理化力学性能检测报告；

②大中型工程中对所用产品抽检的粘结强度、抗压强度等检测报告；

③工程中所使用的产品的合格证；

④施工过程中，现场检查记录和重大问题处理意见与结果；

⑤工程变更记录和材料代用通知单；

⑥隐蔽工程中间验收记录；

⑦工程竣工后的现场记录。

2）薄涂型钢结构防火涂层应符合下列要求：

①涂层厚度符合设计要求；

②无漏涂、脱粉、明显裂缝等。如有个别裂缝，其宽度不大于0.5mm；

③涂层与钢基材之间和各涂层之间，应粘结牢固，无脱层、空鼓等情况；

④颜色与外观符合设计规定，轮廓清晰，接槎平整。

3）厚涂型钢结构防火涂层应符合下列要求：

①涂层厚度符合设计要求。如厚度低于原定标准，但必须大于原定标准的85%，且厚度不足部位的连续面积的长度不大于1m，并在5m范围内不再出现类似情况；

②涂层应完全闭合，不应露底、漏涂；

③涂层不宜出现裂缝。如有个别裂缝，其宽度不应大于1mm；

④涂层与钢基材之间和各涂层之间，应粘结牢固，无空鼓、脱层和松散等情况；

⑤涂层表面应无乳突。有外观要求的部位，母线不直度和失圆度允许偏差不应大于8mm。

4）薄涂型防火涂料的涂层厚度应符合有关耐火极限的设计要求。厚涂型防火涂料涂层的厚度，80%及以上面积应符合有关耐火极限的设计要求，且最薄处厚度不应低于设计要求的85%。

5）涂层厚度可采用漆膜测厚仪测定，总厚度必须达到设计规定的标准。

①测定厚度抽查量：桁架、梁等主要构件抽检20%，次要构件抽检10%，每件应检测3处；板、梁及箱形梁等构件，每10m² 检测3处。

②检测点的规定：宽度在150mm以下的梁或构件，每处检测3点，点位垂直于边长，点距为结构构件宽度的1/4。宽度在150mm以上的梁或构件，每处测5点，取点中心位置不限，但边点应距构件边缘20mm以上，5个检测点应分别为100mm见方正方形的四个角和正方形对角线的交点。

6）涂层检测的总平均厚度，应达到规定厚度的90%为合格。计算平均值时，超过规定厚度20%的测点，按规定厚度的120%计算。

7）对于重大工程，应进行防火涂料的抽样检验。每使用100t薄型钢结构防火涂料，应抽样检测一次粘结强度；每使用500t厚涂型防火涂料，应抽样检测一次粘结强度和抗压强度。其抽样检测方法应按照《钢结构防火涂料》（GB 14907）执行。

思考题

1. 什么是放样？放样环境有哪些要求？钢结构的放样是否完全按照设计图的尺寸进行？

2. 钢结构的矫正有哪些方式？制孔有哪些方式？

3. 钢结构焊缝连接有哪些缺陷？

4. 钢结构焊缝连接时应力是如何产生的？如何消除？

5. 普通螺栓和高强螺栓有哪些类型？

6. 采用剪力螺栓连接时，为避免连接板冲剪破坏，构造上应采取什么措施？

7. 如何保证受动力荷载作用的普通螺栓在使用中不会松动？

8. 钢结构除锈方法有哪些？

9. 钢结构防腐涂料的选用应考虑哪些因素？

10. 钢结构防火涂料的选用应遵循哪些原则？

参 考 文 献

［1］丁克胜．土木工程施工［M］．武汉：华中科技大学出版社，2009.

［2］杜绍堂．钢结构施工［M］．北京：高等教育出版社，2005.

［3］杜运兴．土木建筑工程绿色施工技术［M］．北京：中国建筑工业出版社，2010.

［4］郭发忠．桥梁工程技术［M］．北京：人民交通出版社，2010.

［5］李朝晖．公路施工技术［M］．北京：人民交通出版社，2007.

［6］李建峰．现代土木工程施工技术［M］．北京：中国电力出版社，2008.

［7］李书全．土木工程施工［M］．上海：同济大学出版社，2004.

［8］李延涛．土木工程施工［M］．郑州：黄河水利出版社，2006.

［9］刘万桢．城市桥梁施工［M］．北京：中国建筑工业出版社，1992.

［10］刘宗仁．土木工程施工［M］．北京：高等教育出版社，2009.

［11］罗旗帜．桥梁工程［M］．广州：华南理工大学出版社，2006.

［12］毛鹤琴．土木工程施工［M］．武汉：武汉理工大学出版社，2007.

［13］戚豹．钢结构工程施工［M］．北京：中国建筑工业出版社，2010.

［14］王常才．桥涵施工技术［M］．北京：人民交通出版社，2006.

［15］王士川．建筑施工技术［M］．北京：冶金工业出版社，2009.

［16］吴贤国．土木工程施工［M］．北京：中国建筑工业出版社，2010.

［17］许克宾．桥梁施工［M］．北京：中国建筑工业出版社，2005.

［18］杨新安，姚永勤，喻渝．铁路隧道［M］．北京：中国铁道出版社，2011.

［19］应惠清．土木工程施工（下册）［M］．上海：同济大学出版社，2003.

［20］张钢，郭诗惠．建筑工程施工技术［M］．上海：同济大学出版社，2009.

［21］张长友．土木工程施工技术［M］．北京：中国电力出版社，2009.

［22］张若美，洪树．土木工程施工技术［M］．北京：科学出版社，2004.

［23］周先，王解军．桥梁工程［M］．北京：北京大学出版社，2008.